全国交通土建高职高专规划教材

工程测量实训指导

马真安　阿巴克力（维）　主编
张保成［内蒙古大学］　主审

指导教师 ____________

班　　级 ____________

姓　　名 ____________

学　　号 ____________

人民交通出版社

内 容 提 要

本书为普通高等教育"十一五"国家级规划教材、全国交通土建高职高专规划教材《工程测量》(李仕东主编)之配套用书。全书分为三个部分:一是工程测量课间实训指导;二是工程测量综合实训指导;三是附录。

本书可作为道路桥梁工程技术专业、工程监理专业等交通土建专业各类职业技术教育教学用书,也可作为岗位技能培训教材使用。

图书在版编目(CIP)数据

工程测量实训指导/马真安,阿巴克力(维)主编. —北京:人民交通出版社,2005.11(重印2007.8)
全国交通土建高职高专规划教材
ISBN 978-7-114-05848-6

I.工... II.①马...②阿... III.道路测量-高等学校:技术学校-教学参考资料 IV.U412.24

中国版本图书馆CIP数据核字(2005)第135725号

书　　名:全国交通土建高职高专规划教材
　　　　　工程测量实训指导
著 作 者:马真安　阿巴克力(维)
责任编辑:卢仲贤
出版发行:人民交通出版社
地　　址:(100011)北京市朝阳区安定门外外馆斜街3号
网　　址:http://www.ccpress.com.cn
销售电话:(010)59757969,59757973
总 经 销:人民交通出版社发行部
经　　销:各地新华书店
印　　刷:北京交通印务实业公司
开　　本:787×1092　1/16
印　　张:9.25
字　　数:227千
版　　次:2005年12月　第1版
印　　次:2012年1月　第16次印刷
书　　号:ISBN 978-7-114-05848-6
印　　数:68001-73000册
定　　价:16.00元

全国交通土建高职高专规划教材编审委员会

总　序

针对高职高专教材建设与发展问题，教育部在《关于加强高职高专教材建设的若干意见》中明确指出：先用2至3年时间，解决好高职高专教材的有无问题。再用2至3年时间，推出一批特色鲜明的高质量的高职高专教育教材，形成**一纲多本、优化配套**的高职高专教育教材体系。

2001年7月，由人民交通出版社发起组织，15所交通高职院校的路桥系主任和骨干教师相聚昆明，研讨交通土建高职高专教材的建设规划，提出了28种高职高专教材的编写与出版计划。后在交通部科教司路桥工程学科委员会的具体指导下，在人民交通出版社精心安排、精心组织下，于2002年7月前完成了28种路桥专业高职高专教材出版工作。

这套教材的出版发行，首先解决了交通高职教育教材的有无问题，有力支持了路桥专业高职教育的顺利发展，也受到了全国各高职院校的普遍欢迎。

随着高职教育教学改革的深入发展、高职教学经验的丰富与积累，以及本行业有关技术标准、规范的更新，本套教材在使用了2至3轮的基础上，对教材适时进行修订是十分必要的，时机也是成熟的。

2004年8月，人民交通出版社在新疆乌鲁木齐召开了有19所交通高职院校领导、系主任、骨干教师共41人参加的教材修订研讨会。会议商定了本套教材修订的基本原则、方法和具体要求。会议决定本套教材更名为"交通土建高职高专统编教材"，并成立了以吉林交通职业技术学院张洪滨为主任委员的"交通土建高职高专统编教材编审委员会"，全面负责本套教材的修订与后续补充教材的建设工作。

2005年6月，编委会在长春召开了同属交通土建大类、与路桥专业链接紧密的"工程监理专业、工程造价专业、高等级公路维护与管理专业"主干课程教材研讨会，正式规划和启动了这三个专业教材的编写出版工作。

2005年12月，教育部高等教育司发布了"关于申报普通高等教育'十一五'国家级规划教材"选题的通知(教高司函[2005]195号)，人民交通出版社积极推荐本套教材参加了"十一五"国家级规划教材选题的评选。

2006年6月，经教育部组织专家评选、网上公示，本套教材中有十五种入选为"十一五"国家级规划教材，2008年1月，又有六种教材在"十一五"国家级规划教材补报中列选，共计21种，标志着广大参与本套教材编写的教师的辛勤劳动得到了社会的认可、本套教材的编写质量得到了社会的认同。

2006年7月，交通土建高职高专统编教材编审委员会及时在银川召开会议，有24所各省区交通高职院校或开办有交通土建类专业的高等学校系部主任、专业带头人、骨干教师以及人民交通出版社领导共39位代表出席了本次会议。会议就全面落实教育部"十一五"国家级规划教材的编写工作进行了研讨。与会代表一致认为必须以入选的十五种国家级规划教材为基本标准，进一步全面提升本套教材的编写质量，编审委员会将严格按照国家级规划教材的要求审稿把关，并决定本套教材更名为**"全国交通土建高职高专规划教材"**，原编委会相应更名为**"全国交通土建高职高专规划教材编审委员会"**。以期在全国绝大多数交通高职院校和开办有交通土建类专业的高等院校的参与、统筹、规划下，本套教材中有更多的进入"十一五"国家级规划教材行列。

2007 年 5 月，编委会在湖南长沙召开工作会议，就“十一五”国家级规划教材主参编人员的确定和教材的编写原则作出了具体安排，全面启动“十一五”国家级规划教材的编写与出版工作。

2008 年 4 月，编委会在广东珠海召开工作会议，研讨了**“工学结合”**高职高专教材编写思路，决定在“十一五”国家级规划教材编写过程中，注重高职教学改革新方向，注重工程实践经验的引入，倡导**“工学结合”。**

本套高职高专规划教材具有以下特色：

——顺应交通高职院校人才培养模式和教学内容体系改革的要求，按照专业培养目标，进一步加强教材内容的针对性和实用性，适应学制转变，合理精简和完善内容，调整教材体系，贴近模块式教学的要求；

——实施开放式的教材编审模式，聘请高等院校知名教授和生产一线专家直接介入教材的编审工作，更加有利于对教材基本理论的严格把关，有利于反映科研生产一线的最新技术，也使得技能培训与实际密切结合；

——全面反映 2003 年以来的公路工程行业已颁布实施的新标准、规范；

——服务于师生、服务于教学，重点突出，逐章均配有思考题或习题，并给出本教材的参考教学大纲；

——注重学生基本素质、基本能力的培养，教材从内容上、形式上力求更加贴近实际；

——为加强学生的实际动手能力，针对《工程测量》、《道路建筑材料》等课程，本套教材特别配套有实训类辅导教材；

——为方便教学，本套教材配套有《道路工程制图多媒体教材》、《公路工程试验实训多媒体教材》、《路基路面施工与养护技术多媒体教材》、《桥涵设计多媒体教材》、《桥涵施工技术多媒体教材》、《现代道路测量仪器与技术多媒体教材》等。

本套教材的出版与修订再版，始终得到了交通部科教司路桥工程学科委员会和全国交通职教路桥专业委员会的指导与支持，凝聚了交通行业专家、教师群体的智慧和辛勤劳动。愿我们共同向精品教材的目标持续努力。

向所有关心、支持本套教材编写出版的各级领导、专家、教师、同学和朋友们致以敬意和谢意。

全国交通土建高职高专规划教材编审委员会

人民交通出版社

2008 年 5 月

前言

根据高职高专培养技术应用型人才的目标要求，为了使土建类、测绘类专业的同学更好地掌握实用测量技术，特编写了《工程测量实训指导》。本指导书共分三部分，第一部分为《工程测量》课间实训，共编写了十七项实训，不同专业可以根据课时不同选做部分实训或合并部分实训内容；第二部分为工程测量综合实训安排与指导；第三部分为附录，附录内容是：根据目前高职高专院校所倡导的“双证书”教育而编写的工程测量工中、高级职业技能鉴定规范，以及工程测量工技能知识要求试题供同学们参考。

本书由辽宁交通高等专科学校的马真安、新疆交通职业技术学院的阿巴克力两位老师担任主编，吉林交通职业技术学院的李长成、河北交通职业技术学院的翟晓静老师参加了部分内容的编写。

2005 年 6 月在吉林交通职业技术学院召开了本书审稿会，会上与会代表对本书的编写大纲及初稿进行了认真的审议。

全国交通土建高职高专规划教材编审委员会特邀内蒙古大学张保成教授担任本书主审。张教授认真审阅了本书终稿，并提出许多宝贵的修改建议，在此向张教授深表谢意。

本书为李仕东主编的普通高等教育“十一五”国家级规划教材、全国交通土建高职高专规划教材《工程测量》（第三版）配套使用的教学用书，其中带 * 号的实训内容各校可以根据自己情况选做。由于编者水平所限和时间仓促，书中难免有不妥之处，恳请业内专家与广大读者指正。

编　者

2009 年 7 月

MULU

目录

工程测量实训总则

一、测量实训规定

1.在实训之前,必须复习教材中的有关内容,认真仔细地预习本书,以明确目的,了解任务,熟悉实训步骤或实训过程,注意有关事项,并准备好所需文具用品。

2.实训分小组进行,组长负责组织协调工作,办理所用仪器工具的借领和归还手续。

3.实训应在规定的时间进行,不得无故缺席或迟到早退;应在指定的场地进行,不得擅自改变地点或离开现场。

4.必须遵守本书列出的"测量仪器工具的借领与使用规则"和"测量记录与计算规则"。

5.服从教师的指导,严格按照本书的要求认真、按时、独立地完成任务。每项实训都应取得合格的成果,提交书写工整、规范的实训报告或实训记录,经指导教师审阅同意后,才可交还仪器工具,结束工作。

6.在实训过程中,还应遵守纪律,爱护现场的花草、树木和农作物,爱护周围的各种公共设施,任意砍折、踩踏或损坏者应予赔偿。

二、测量仪器工具的借领与使用规则

对测量仪器工具的正确使用、精心爱护和科学保养,是测量人员必须具备的素质和应该掌握的技能,也是保证测量成果质量、提高测量工作效率和延长仪器工具使用寿命的必要条件。在仪器工具的借领与使用中,必须严格遵守下列规定。

(一)仪器工具的借领

1.实训时凭学生证到仪器室办理借领手续,以小组为单位领取仪器工具。

2.借领时应该当场清点检查:实物与清单是否相符;仪器工具及其附件是否齐全;背带及提手是否牢固;脚架是否完好等。如有缺损,可以补领或更换。

3.离开借领地点之前,必须锁好仪器并捆扎好各种工具。搬运仪器工具时,必须轻取轻放,避免剧烈震动。

4.借出仪器工具之后,不得与其他小组擅自调换或转借。

5.实训结束,应及时收装仪器工具,送还借领处检查验收,办理归还手续。如有遗失或损坏,应写出书面报告说明情况,并按有关规定给予赔偿。

(二)仪器的安置

1.在三角架安置稳妥之后,方可打开仪器箱。开箱前应将仪器箱放在平稳处,严禁托在手上或抱在怀里。

2.打开仪器箱之后,要看清并记住仪器在箱中的安放位置,避免以后装箱困难。

3.提取仪器之前,应先松开制动螺旋,再用双手握住支架或基座,轻轻取出仪器放在三角架上,保持一手握住仪器,一手拧连接螺旋,最后旋紧连接螺旋,使仪器与脚架连接牢固。

4.装好仪器之后,注意随即关闭仪器箱盖,防止灰尘和湿气进入箱内。严禁坐在仪器箱上。

(三)仪器的使用

1.仪器安置之后,不论是否操作,必须有人看护,防止无关人员搬弄或行人、车辆碰撞。

2.在打开物镜时或在观测过程中,如发现灰尘,可用镜头纸或软毛刷轻轻拂去,严禁用手指或手帕等物擦拭镜头,以免损坏镜头上的镀膜。观测结束后应及时套好镜盖。

3.转动仪器时,应先松开制动螺旋,再平稳转动。使用微动螺旋时,应先旋紧制动螺旋。

4.制动螺旋应松紧适度,微动螺旋和脚螺旋不要旋到顶端,使用各种螺旋都应均匀用力,以免损伤螺纹。

5.在野外使用仪器时,应该撑伞,严防日晒雨淋。

6.在仪器发生故障时,应及时向指导教师报告,不得擅自处理。

(四)仪器的搬迁

1.在行走不便的地区迁站或远距离迁站时,必须将仪器装箱之后再搬迁。

2.短距离迁站时,可将仪器连同脚架一起搬迁。其方法是:先取下垂球,检查并旋紧仪器连接螺旋,松开各制动螺旋使仪器保持初始位置(经纬仪望远镜物镜对向度盘中心,水准仪的水准器向上);再收拢三脚架,左手握住仪器基座或支架放在胸前,右手抱住脚架放在肋下,稳步行走。严禁斜扛仪器,以防碰摔。

3.搬迁时,小组其他人员应协助观测员带走仪器箱和有关工具。

(五)仪器的装箱

1.每次使用仪器之后,应及时清除仪器上的灰尘及脚架上的泥土。

2.仪器拆卸时,应先将仪器脚螺旋调至大致同高的位置,再一手扶住仪器,一手松开连接螺旋,双手取下仪器。

3.仪器装箱时,应先松开各制动螺旋,使仪器就位正确,试关箱盖确认放妥后,再拧紧制动螺旋,然后关箱上锁。若合不上箱口,切不可强压箱盖,以防压坏仪器。

4.清点所有附件和工具,防止遗失。

(六)测量工具的使用

1.钢尺的使用:应防止扭曲、打结和折断,防止行人踩踏或车辆碾压,尽量避免尺身着水。携尺前进时,应将尺身提起,不得沿地面拖行,以防损坏刻划。钢尺用完后应擦净、涂油,以防生锈。

2.皮尺的使用:应均匀用力拉伸,避免着水、车压。如果皮尺受潮,应及时晾干。

3.各种标尺、花杆的使用:应注意防水、防潮,防止受横向压力,不能磨损尺面刻划的漆皮,不用时安放稳妥。塔尺的使用,还应注意接口处的正确连接,用后及时收尺。

4.测图板的使用:应注意保护板面,不得乱写乱扎,不能施以重压。

5.小件工具如垂球、测钎、尺垫等的使用：应用完即收，防止遗失。

6.一切测量工具都应保持清洁，专人保管搬运，不能随意放置，更不能作为捆扎、抬、担的它用工具。

三、测量记录与计算规则

测量记录是外业观测成果的记载和内业数据处理的依据。在测量记录或计算时必须严肃认真，一丝不苟，严格遵守下列规则：

1.在测量记录之前，准备好硬芯(2H 或 3H)铅笔，同时熟悉记录表上各项内容及填写、计算方法。

2.记录观测数据之前，应将记录表头的仪器型号、日期、天气、测站、观测者及记录者姓名等无一遗漏地填写齐全。

3.观测者读数后，记录者应随即在测量记录表上的相应栏内填写，并复诵回报以资检核。不得另纸记录事后转抄。

4.记录时要求字体端正清晰，数位对齐，数字对齐。字体的大小一般占格宽的1/2～1/3，字脚靠近底线；表示精度或占位的“0”(例如水准尺读数 1.500 或 0.234，度盘读数 93°04′00″)均不可省略。

5.观测数据的尾数不得更改，读错或记错后必须重测重记，例如：角度测量时，秒级数字出错，应重测该测回；水准测量时，毫米级数字出错，应重测该测站；钢尺量距时，毫米级数字出错，应重测该尺段。

6.观测数据的前几位若出错时，应用细横线划去错误的数字，并在原数字上方写出正确的数字。注意不得涂擦已记录的数据。禁止连环更改数字，例如：水准测量中的黑、红面读数，角度测量中的盘左、盘右，距离丈量中的往、返量等，均不能同时更改，否则重测。

7.记录数据修改后或观测成果废去后，都应在备注栏内写明原因(如测错、记错或超限等)。

8.每站观测结束后，必须在现场完成规定的计算和检核，确认无误后方可迁站。

9.数据运算应根据所取位数，按“4 舍 6 入，5 前单进双舍”的规则进行凑整。例如对 1.4244m，1.4236m，1.4235m，1.4245m 这几个数据，若取至毫米位，则均应记为 1.424m。

10.应该保持测量记录的整洁，严禁在记录表上书写无关内容，更不得丢失记录表。

第一部分 工程测量课间实训指导

DIYIBUFEN

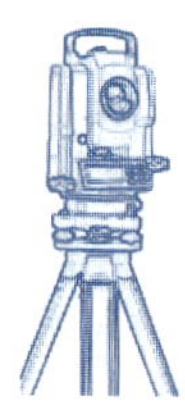

实训一　水准仪的认识与技术操作

一、目的与要求

1.认识水准仪的一般构造。

2.熟悉水准仪的技术操作方法。

二、仪器与工具

1.由仪器室借领：DS_3 水准仪 1 台、水准尺 1 根、记录板 1 块、测伞 1 把。

2.自备：铅笔、草稿纸。

三、实训方法与步骤

1.指导教师讲解水准仪的构造及操作方法。

2.安置和粗平水准仪。水准仪的安置主要是整平圆水准器，使仪器概略水平。做法是：选好安置位置，将仪器用连接螺旋安紧在三脚架上，先踏实两脚架尖，摆动另一只脚架使圆水准器气泡概略居中，然后转动脚螺旋使气泡居中。

转动脚螺旋使气泡居中的操作规律是：气泡需要向哪个方向移动，左手拇指就向哪个方向转动脚螺旋。如图 1-1a)，气泡偏离在 a 的位置，首先按箭头所指的方向同时转动脚螺旋①和②，使气泡移到 b 的位置，如图 1-1b)，再按箭头所指方向转动脚螺旋③，使气泡居中。

3.用望远镜照准水准尺，并且消除视差。

首先用望远镜对着明亮背景，转动目镜对光螺旋，使十字丝清晰可见。然后松开制动螺旋，转动望远镜，利用镜筒上的准星和照门照准水准尺，旋紧制动螺旋。再转动物镜对光螺旋，使尺像清晰。此时如果眼睛上、下晃动，十字丝交点总是指在标尺物像的一个固定位置，即无视差现像，如图 1-2a)所示。如果眼睛上、下晃动，十字丝横丝在标尺上错动就是有视

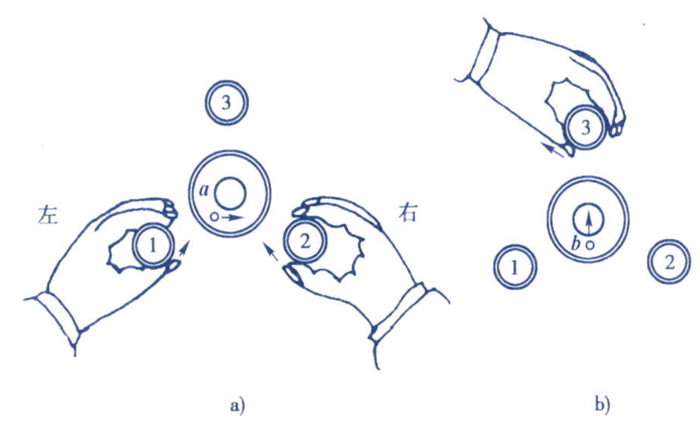

图 1-1

差,说明标尺物像没有呈现在十字丝平面上,如图 1-2b)所示。若有视差将影响读数的准确性。消除视差时要仔细进行物镜对光使水准尺看得最清楚,这时如十字丝不清楚或出现重影,再旋转目镜对光螺旋,直至完全消除视差为止,最后利用微动螺旋使十字丝精确照准水准尺。

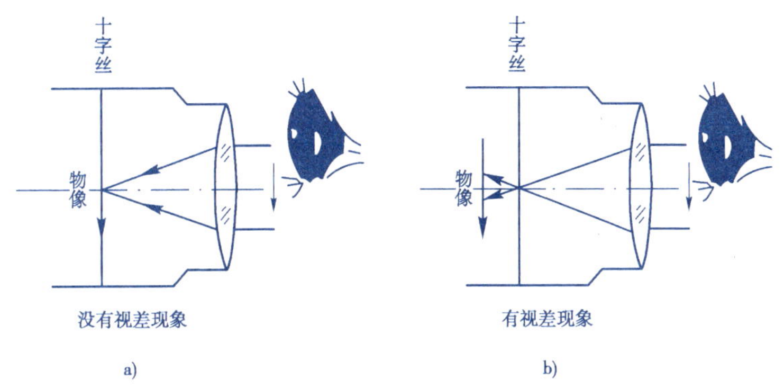

图 1-2

4.精确整平水准仪。

转动微倾螺旋使管水准器的符合水准气泡两端的影像符合,如图 1-3 所示。转动微倾螺旋要稳重,慢慢地调节,避免气泡上下不停错动。

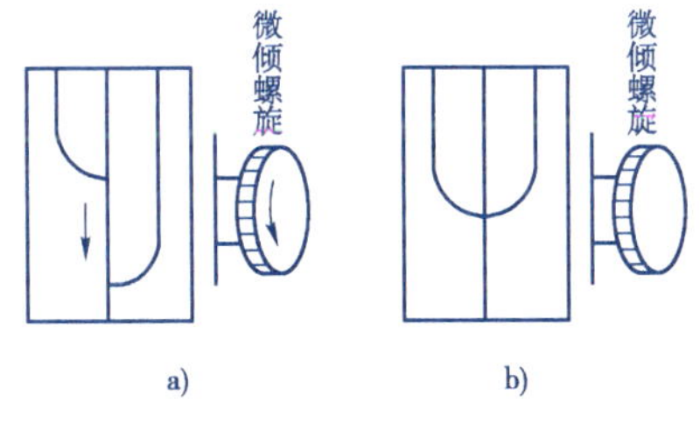

图 1-3

5.读数。

以十字丝横丝为准读出水准尺上的数值,读数前,要对水准尺的分划、注记分析清楚,找出最小刻划单位,整分米、整厘米的分划及米数的注记。先估读毫米数,再读出米、分米、厘米数。要特别注意不要错读单位和发生漏 0 现象。读数后,应立即查看气泡是否仍然符合,否则应重新使气泡符合后再读数。

四、注意事项

1.安置仪器时应将仪器中心连接螺旋拧紧,防止仪器从脚架上脱落下来。

2.水准仪为精密光学仪器,在使用中要按照操作规程作业,各个螺旋要正确使用。

3.在读数前务必将水准器的符合水准气泡严格符合,读数后应复查气泡符合情况,发现气泡错开,应立即重新将气泡符合后再读数。

4.转动各螺旋时要稳、轻、慢,不能用力太大。

5.在实训过程中要及时填写实训报告。发现问题时,要及时向指导教师汇报,不能自行处理。

6.水准尺必须要有人扶着,决不能立在墙边或靠在电杆上,以防摔坏水准尺。

7.螺旋转到头要返转回来少许,切勿继续再转,以防脱扣。

五、上交资料

每人上交水准仪的认识与技术操作实训报告一份。

上交实训报告，请学生沿此线撕下

实训一

实训报告

日期：　　　　班级：　　　　组别：　　　　姓名：　　　　学号：

实训题目	水准仪的认识与技术操作	成绩	
实训目的			
主要仪器及工具			

1.在下图引出的标线上标明仪器该部件的名称。

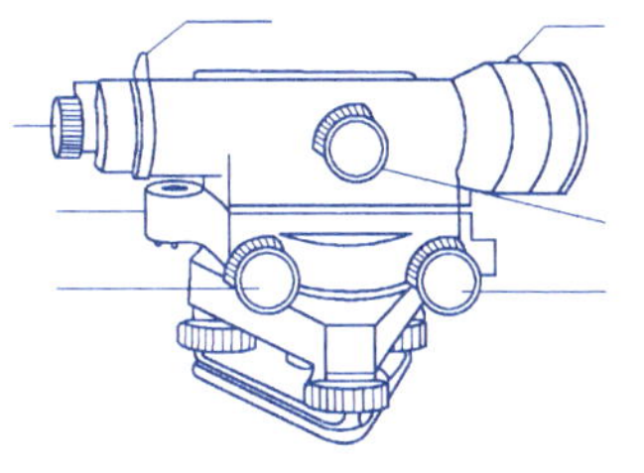

2.用箭头标明如何转动三只脚螺旋，使下图所示的圆水准气泡居中。

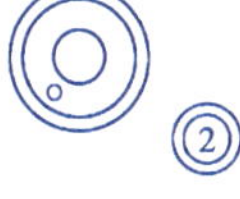

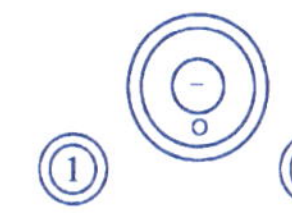

3.简述消除视差的步骤：

4.简述微倾式水准仪进行水准测量前，分别如何操作使仪器圆水准气泡和管水准气泡居中。

5.实训总结

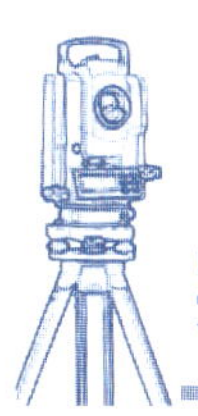

实训二　普通水准测量

一、目的与要求

1. 熟悉水准仪的构造及使用方法。

2. 掌握普通水准测量的实际作业过程。

3. 施测一闭合水准线路,计算其闭合差。

二、仪器与工具

1. 由仪器室借领:DS_3 水准仪 1 台、水准尺 2 根、记录板 1 块、尺垫 2 个。

2. 自备:计算器、铅笔、小刀、草稿纸。

三、实训方法与步骤

1. 全组共同施测一条闭合水准路线,其长度以安置 6 ~ 8 个测站为宜。确定起始点及水准路线的前进方向。人员分工是:两人扶尺,一人记录,一人观测。施测 2 ~ 3 站后轮换工作。

2. 在每一站上,观测者首先应整平仪器,然后照准后视尺,对光、调焦、消除视差。慢慢转动微倾螺旋,将管水准器的气泡严格符合后,读取中丝读数,记录员将读数记入记录表中。读完后视读数,紧接着照准前视尺,用同样的方法读取前视读数。记录员把前、后视读数记好后,应立即计算本站高差。

3. 用 2 叙述的方法依次完成本闭合线路的水准测量。

4. 水准测量记录要特别细心,当记录者听到观测者所报读数后,要回报观测者,经默许后方可记入记录表中。观测者应注意复核记录者的复诵数字。

5. 观测结束后,立即算出高差闭合差 $f_h = \sum h_i$,如果 $f_h \leqslant f_{h容}$,说明观测成果合格,即可算出各立尺点高程(假定起点高程为 500m)。否则,要进行重测。

四、注意事项

1. 水准测量工作要求全组人员紧密配合,互谅互让,禁止闹意见。

2. 中丝读数一般以米为单位时,读数保留小数点后三位,记录员也应记满四个数字,“0”不可省略。

3.扶尺者要将尺扶直，与观测人员配合好，选择好立尺点。

4.水准测量记录中严禁涂改、转抄，不准用钢笔、圆珠笔记录，字迹要工整、整齐、清洁。

5.每站水准仪置于前、后尺距离基本相等处，以消除或减少视准轴不平行于水准管轴的误差及其它误差的影响。

6.在转点上立尺，读完上一站前视读数后，在下站的测量工作未完成之前绝对不能碰动尺垫或弄错转点位置。

7.为校核每站高差的正确性，应按变换仪器高方法进行施测，以求得平均高差值作为本站的高差。

8.限差要求：同一测站两次仪器高所测高差之差应小于 5mm；水准路线高差闭合差的容许值为 $f_{h容} = \pm 40\sqrt{n}$（或 $\pm 12\sqrt{n}$）mm。

五、上交资料

1.每人上交合格的普通水准测量记录表一份。

2.每人上交实训报告一份。

上交实训报告，请学生沿此线撕下

实训二　普通水准测量记录表

仪器型号：　　　　日期：　　　　班级：　　　　观测：

工程名称：　　　　天气：　　　　组别：　　　　记录：

测　点	后视读数(m)	前视读数(m)	高差(m)	高程(m)	备　注
Σ			$\sum h=$		

上交实训报告，请学生沿此线撕下

实训二

实训报告

日期：　　　　班级：　　　　组别：　　　　姓名：　　　　学号：

实训题目	普通水准测量	成绩	
实训目的			
主要仪器及工具			
实训场地布置草图			
实训主要步骤			
实训总结			

实训三　微倾式水准仪的检验与校正

一、目的与要求

1.认识微倾式水准仪的主要轴线及它们之间所具备的几何关系。

2.掌握水准仪的检验方法。

3.了解水准仪的校正方法。

二、仪器与工具

1.由仪器室借领：DS_3 水准仪1台、水准尺2根、尺垫2个、木桩2个、斧子1把、校正针1根。

2.自备：计算器、铅笔、小刀、草稿纸。

三、实训方法与步骤

1.一般性检验。

安置仪器后，首先检验：三脚架是否牢固；制动和微动螺旋、微倾螺旋、对光螺旋、脚螺旋等是否有效；望远镜成像是否清晰等。同时了解水准仪各主要轴线及其相互关系。

2.圆水准器轴平行于仪器竖轴的检验和校正。

(1)检验：转动脚螺旋使圆水准器气泡居中，将仪器绕竖轴旋转180°后，若气泡仍居中，则说明圆水准器轴平行于仪器竖轴。否则需要校正。

(2)校正：先稍松圆水准器底部中央的固紧螺丝，再拨动圆水准器的校正螺丝，使气泡返回偏离量的一半，然后转动脚螺旋使气泡居中。如此反复检校，直到圆水准器在任何位置时，气泡都在刻划圈内为止。最后旋紧固紧螺旋。

3.十字丝横丝垂直于仪器竖轴的检验与校正。

(1)检验：以十字丝横丝一端瞄准约20m处一细小目标点，转动水平微动螺旋，若横丝始终不离开目标点，则说明十字丝横丝垂直于仪器竖轴。否则需要校正。

(2)校正：旋下十字丝分划板护罩，用小螺丝刀松开十字丝分划板的固定螺丝，微略转动十字丝分划板，使转动水平微动螺旋时横丝不离开目标点。如此反复检校，直至满足要求。最后将固定螺丝旋紧，并旋上护罩。

4.水准管轴与视准轴平行关系的检验与校正。

(1)检验：

①如图 3-1a)所示，选择相距 75m ~ 100m 稳定且通视良好的两点 A、B，在 A、B 两点上各打一个木桩固定其点位。

②水准仪置于距 A、B 两点等远处的 I 位置，用变换仪器高度法测定 A、B 两点间的高差（两次高差之差不超过 3mm 时可取平均值作为正确高差 h_{AB}）。

$$h_{AB}=\frac{(a'_1-b'_1+a''_1-b''_1)}{2}$$

③再把水准仪置于约离 A 点 3m ~ 5m 的 II 位置如图 3-1b)，精平仪器后读取近尺 A 上的读数 a_2。

④计算远尺 B 上的正确读数值 b_2。

$$b_2=a_2-h_{AB}$$

⑤照准远尺 B，旋转微倾螺旋。

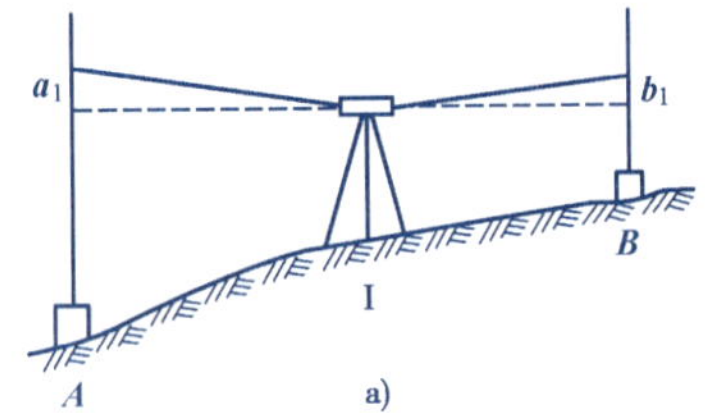

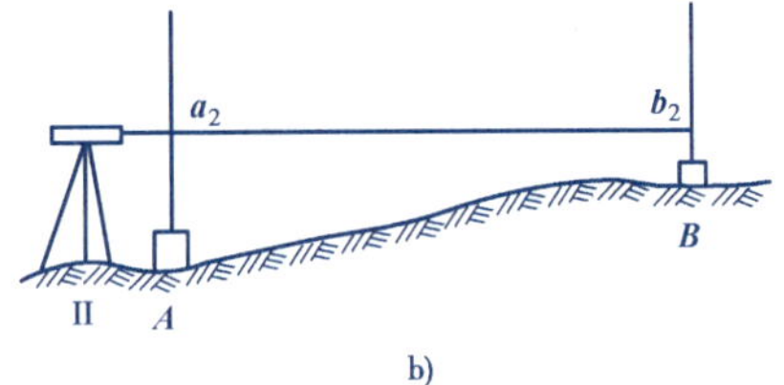

图 3-1

将水准仪视准轴对准 B 尺上的 b_2 读数，这时，如果水准管气泡居中，即符合气泡影像符合，则说明视准轴与水准管轴平行。否则应进行校正。

(2)校正：

①重新旋转水准仪微倾螺旋，使视准轴对准 B 尺读数 b_2，这时水准管符合气泡影像错开，即水准管气泡不居中。

②用校正针先松开水准管左右校正螺丝，再拨动上下两个校正螺丝（先松上（下）边的螺丝，再紧下（上）边的螺丝），直到使符合气泡影像符合为止。此项工作要重复进行几次，直到符合要求为止。

四、注意事项

1. 水准仪的检验和校正过程要认真细心，不能马虎。原始数据不得涂改。
2. 校正螺丝都比较精细，在拨动螺丝时要"慢、稳、均"。
3. 各项检验和校正的顺序不能颠倒，在检校过程中同时填写实训报告。
4. 各项检校都需要重复进行，直到符合要求为止。
5. 对 100m 长的视距，一般要求是检验远尺的读数与计算值之差不大于 3mm ~ 5mm。
6. 每项检校完毕都要拧紧各个校正螺丝，上好护盖，以防脱落。
7. 校正后，应再作一次检验，看其是否符合要求。
8. 本次实训要求学生在实训过程中要及时填写实训报告，只进行检验。如若校正，应在指导教师直接指导下进行。

五、上交资料

每人上交水准仪的检验与校正实训报告一份。

上交实训报告，请学生沿此线撕下

实训三

实训报告

日期：　　　　班级：　　　　组别：　　　　姓名：　　　　学号：

实训题目	微倾式水准仪的检验与校正	成绩	
实训目的			
主要仪器及工具			

1.描述在对十字丝横丝与仪器竖轴是否垂直的检校过程中，如何判定十字丝横丝与仪器竖轴是否垂直，并画图说明。

2.描述在对圆水准器轴与仪器竖轴是否平行的检校过程中的检校过程，并画图说明。

3.水准管轴与视准轴是否平行的检校记录：

仪器位置	项　　目	第一次	第二次	第三次
在 A、B 两点中间置仪器测高差	后视 A 点尺上读数 a_1			
	前视 B 点尺上读数 b_1			
	$h_{AB}=a_1-b_1$			
在 A 点附近置仪器进行检校	A 点尺上读数 a_2			
	B 点尺上读数 b_2			
	计算 $b'_2=a_2-h_{AB}$			
	计算偏差值 $\Delta b=b_2-b'_2$			
	是否需校正			

4.描述水准管轴与视准轴的校正方法

5.实训总结

实训四　自动安平水准仪的认识与技术操作*

一、目的与要求

1.认识自动安平水准仪的构造特点及自动安平原理。

2.掌握自动安平水准仪的操作方法。

二、仪器与工具

1.由仪器室借领:自动安平水准仪 1 台、水准尺 1 根、尺垫 1 个、测伞 1 把。

2.自备:铅笔、小刀、记录用纸。

三、实训方法与步骤

1.由指导老师讲解自动安平水准仪的构造、安置和技术操作方法。

2.将水准仪安置在三脚架上,调节脚螺旋,使圆水准器气泡居中。

3.用望远镜照准水准尺进行对光、调焦,消除视差。

4.观察十字丝分划板影像,用手轻按"补偿器"检验按钮,检验"补偿器"工作性能。如果十字丝刻划有摆动且能很快恢复原读数,则说明"补偿器"工作性能正常。或者用手轻轻按动目镜下面的按钮机构,观测望远镜内目标影像是否移动,如果移动说明"补偿器"处于正常工作状态。

5.进行读数练习。读数方法与 DS_3 型微倾式水准仪相同。

四、注 意 事 项

1.在读数前必须检查补偿器,看其是否处于正常工作状态。

2.其它注意事项与实训一中所讲的注意事项相同。

五、自动安平水准仪"补偿器"性能的检验

1.检验原理

自动安平水准仪"补偿器"的作用是,当视准轴倾斜时(即在"补偿器"的允许范围内,气泡中心不超过分划圈的范围),能在十字丝上读得水平视线的读数。检验"补偿器"性能的一

般原理是，有意使仪器的旋转轴安置得不竖直，并测定两点间的高差，使之与正确高差相比较。如果“补偿器”的补偿性能正常，无论视线下倾（后视）或上倾（前视），都可读得水平视线的读数，测得的高差亦是 A、B 两点间的正确高差；如果“补偿器”性能不正常，由于前、后视的倾斜方向不一致，视线倾斜产生的读数误差不能在高差计算中抵消。因此，测得的高差将与正确的高差有明显的差异。

2.检验方法

在较平坦的地方选择 100m 左右的 A、B 两点，在 A、B 点各钉入一木桩（或用尺垫代替），将水准仪置于 A、B 连线的中点，并使两个脚螺旋（为以下讲述方便称为①、②脚螺旋）与 AB 连线方向一致，见图 4-1 所示。

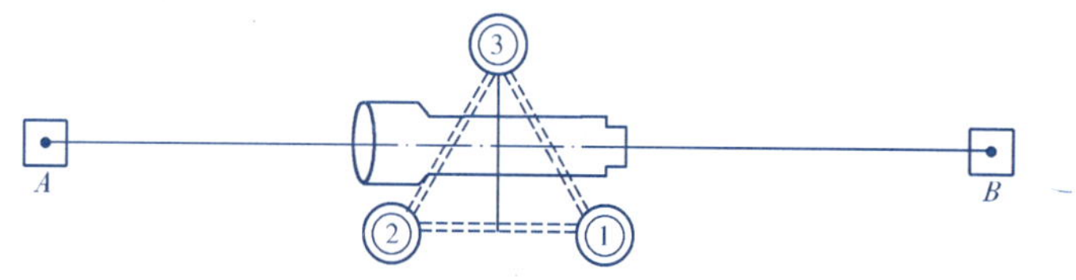

图 4-1

(1)首先用圆水准器将仪器置平，测出 A、B 两点间的高差 h_{AB}，以此值作为正确高差。

(2)升高第③个脚螺旋，使仪器向左（或向右）倾斜，测出 A、B 两点间的高差 $h_{AB左}$。

(3)降低第③个脚螺旋，使仪器向右（或向左）倾斜，测出 A、B 两点间的高差 $h_{AB右}$。

(4)升高第③个脚螺旋，使圆水准器气泡居中。

(5)升高第①个脚螺旋，使后视时望远镜向上（或向下）倾斜，测出 A、B 两点间的高差 $h_{AB上}$。

(6)降低第①个脚螺旋，使后视时望远镜向下（或向上）倾斜，测出 A、B 两点间的高差 $h_{AB下}$。

无论左、右、上、下倾斜，仪器的倾斜角度均由水准器气泡位置确定，四次倾斜的角度相同，一般取“补偿器”所能补偿的最大角度。

将 $h_{AB左}$、$h_{AB右}$、$h_{AB上}$、$h_{AB下}$ 相比较，视其差数确定“补偿器”的性能。对于普通水准测量，此差数一般应小于 5mm。“补偿器”的校正可按仪器使用说明书上指明的方法和步骤进行。

六、上交资料

每人上交实训报告一份。

实训四

实训报告

日期：　　　　班级：　　　　组别：　　　　姓名：　　　　学号：

实训题目	自动安平水准仪的认识与操作	成绩	
实训目的			
主要仪器及工具			
实训场地布置草图			
实训主要步骤			
实训总结			

上交实训报告，请学生沿此线撕下

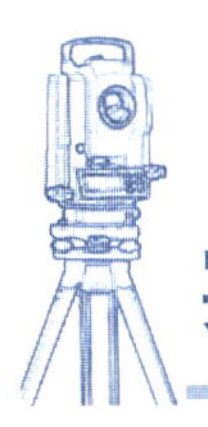

实训五　经纬仪的认识与技术操作

(Ⅰ) DJ_6 级光学经纬仪的认识与技术操作

一、目的与要求

1.认识经纬仪的一般构造。

2.熟悉经纬仪的操作方法。

二、仪器与工具

1.由仪器室借领：DJ_6 级经纬仪 1 台、记录板 1 块、测伞 1 把。

2.自备：铅笔、草稿纸。

三、实训方法与步骤

1.由指导教师讲解经纬仪的构造及操作方法。

2.学生自己熟悉经纬仪各螺旋的功能。

3.练习安置经纬仪。经纬仪的安置包括对中和整平两项内容。

(1)对中：对中是把经纬仪水平度盘的中心安置在所测角的顶点铅垂线上。方法是先将三角架安置在测站点上，架头大致水平，用垂球概略对中后，踏牢三脚架，然后用连接螺旋将仪器固定在三脚架上。此时，若偏离测站点较大，则须将三脚架作平行移动，若偏离较小，可将连接螺旋放松，在三脚架头上移动仪器基座使垂球尖准确地对准测站点，然后再旋紧连接螺旋。

如果使用带有光学对点器的仪器，对中时可通过光学对点器进行对中。采用光学对点器对中的做法是：将仪器置于测站点上，使架头大致水平，三个脚螺旋的高度适中，光学对点器大致在测站点铅垂线上。转动对点器目镜看清分划板中心圈(十字丝)，再拉动或旋转目镜，使测站点影像清晰。若中心圈(十字丝)与测站点相距较远，则应平移脚架，而后旋转脚螺旋，使测站点与中心圈(十字丝)重合。伸缩架腿，粗略整平圆水准器，再用脚螺旋使圆水准气泡居中。这时可移动基座精确对中，最后拧紧连接螺旋。

(2)整平：整平是使水平度盘处于水平位置，仪器竖轴铅直。整平的方法是：

①使照准部水准管与任意两个脚螺旋连线平行，如图 5-1a)所示，两手以相反方向同时

旋转①、②两脚螺旋，使水准管气泡居中。

②将照准部平转90°(有些仪器上装有两个水准管，则可以不转)，如图5-1b)所示，再用另一个脚螺旋③使水准管气泡居中。

③以上操作反复进行，直到仪器在任何位置气泡都居中为止。

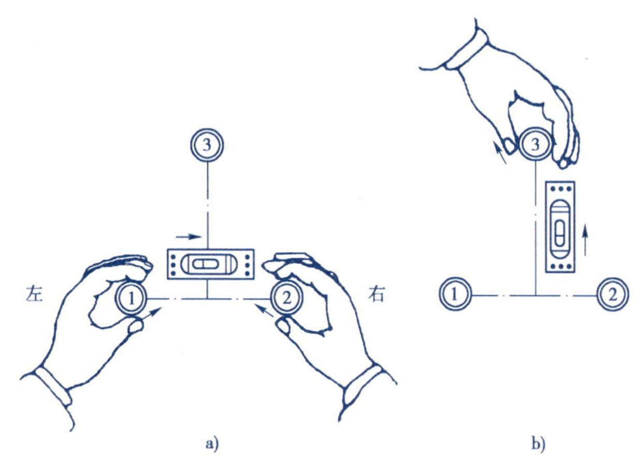

图 5-1

4.用望远镜瞄准远处目标。

(1)安置好仪器后，松开照准部和望远镜的制动螺旋，用粗瞄器初步瞄准目标，然后拧紧这两个制动螺旋。

(2)调节目镜对光螺旋，看清十字丝，再转动物镜对光螺旋，使望远镜内目标清晰，旋转水平微动和垂直微动螺旋，用十字丝精确照准目标，并消除视差。

5.练习水平度盘读数。

6.练习用水平度盘变换手轮设置水平度盘读数。

(1)用望远镜照准选定目标。

(2)拧紧水平制动螺旋，用微动螺旋准确瞄准目标。

(3)转动水平度盘变换手轮，使水平度盘读数设置到预定数值。

(4)松开制动螺旋，稍微旋转后，再重新照准原目标，看水平度盘读数是否仍为原读数，否则需重新设置。

(5)掌握离合器扳手的锁紧、松开规律。即扳手向下时锁紧度盘，扳手向上时松开度盘。

四、注意事项

1.经纬仪是精密仪器，使用时要十分谨慎小心，各个螺旋要慢慢转动。不准大幅度地、快速地转动照准部及望远镜。

2.当一个人操作时，其他人员只作语言帮助，不能多人同时操作一台仪器。

3.每组中每人的练习时间要因时、因人而异，要互相帮助。在实训过程中要及时填写实训报告。

4.练习水平度盘读数时要注意估读的准确性。

5.用度盘变换钮设置水平度盘读数时，不能用微动螺旋设置分、秒数值。如果这样做，将使目标偏离十字丝交点。

五、上 交 资 料

每人上交 DJ_6 级光学经纬仪的认识与使用实训报告一份。

上交实训报告，请学生沿此线撕下

实训五(I)

实 训 报 告

日期：　　　　班级：　　　　组别：　　　　姓名：　　　　学号：

实训题目	DJ_6 级光学经纬仪的认识与操作	成绩	
实训目的			
主要仪器及工具			

1.在下图引出的标线上标明仪器该部件的名称。

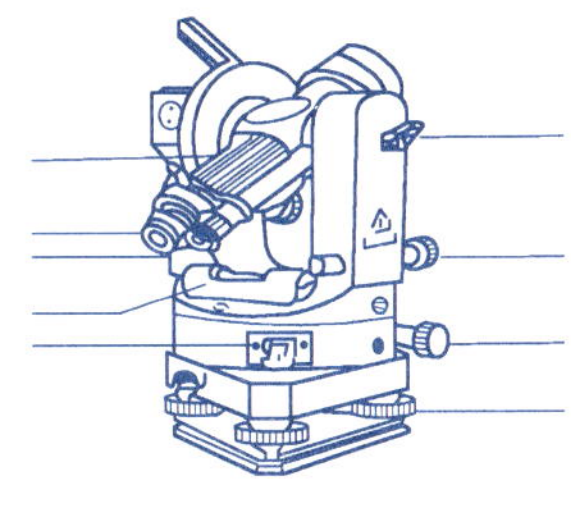

2.用箭头标明如何转动三只脚螺旋，使下图所示的圆水准气泡居中。

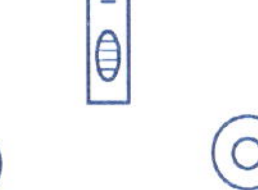

3.将水平度盘读数设置为 00°00′00″、90°00′00″、120°35′00″。

4.观测记录练习：

测　站	目　标	盘左读数	盘右读数	备　注

5.实训总结：

(II) DJ_2级光学经纬仪的认识与技术操作

一、目的与要求

1.认识 DJ_2 级经纬仪的构造及各部件的功能。

2.区分 DJ_2 级和 DJ_6 级经纬仪的异同点。

3.熟悉 DJ_2 级经纬仪的安置方法及读数方法。

二、仪器与工具

1.由仪器室借领:DJ_2 级经纬仪 1 台、记录板 1 块、测伞 1 把、花杆 2 根。

2.自备:铅笔、小刀、草稿纸。

三、实训方法与步骤

1.DJ_2 级经纬仪的认识

(1)熟悉 DJ_2 级经纬仪各部件的名称及作用。

(2)了解下列各个装置的功能和用途:

①制动螺旋:水平制动和竖直制动——分别固定照准部和望远镜。

②微动螺旋:水平微动和竖直微动——用于精确瞄准目标。

③水准管:照准部水准管——用于显示水平度盘是否水平;竖盘指标水准管——用于显示竖盘指标线是否指向正确的位置。

④水平度盘变换装置:DJ_2 级经纬仪通过该装置,可设置起始方向的水平度盘读数。

⑤换像手轮:DJ_2 级经纬仪通过该装置,可设置读数窗处于水平或竖直度盘的影像。

2.DJ_2 级经纬仪的安置

DJ_2 级经纬仪的安置方法与 DJ_6 级光学经纬仪相同。

3.照准目标

DJ_2 级经纬仪的照准方法与 DJ_6 级光学经纬仪相同。

4.读数练习

(1)当读数设备是对径分划读数视窗时,如图 5-2a)所示。

①将换像手轮置于水平位置,打开反光镜,使读数窗明亮。

②转动测微轮使读数窗内上、下分划线对齐。

③读出位于左侧或靠中的正像度刻线的度读数(163°)。

④读出与正像度刻线相差 180°位于右侧或靠中的倒像度刻线之间的格数 n,即 $n\times10'$ 的分读数($2\times10'=20'$)。

⑤读出测微尺指标线截取小于 10′的分、秒读数(7′34″)。

⑥将上述度、分、秒相加,即得整个度盘读数(163°27′34″)。

(2)当读数设备是数字化读数视窗时,如图 5-2b)所示。

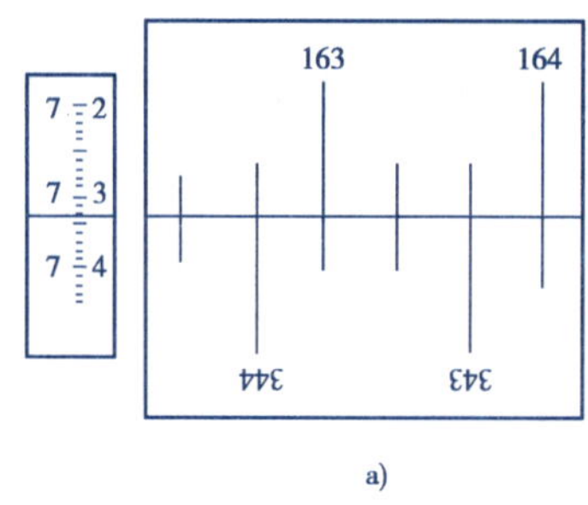

a)

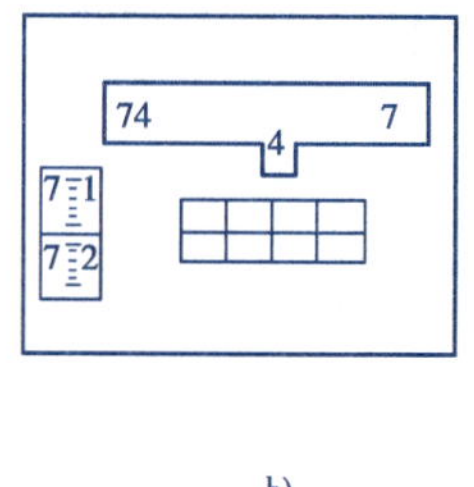

b)

图 5-2

①同样先将读数窗内分划线上、下对齐。

②读取窗口最上边的度数(74°)和中部窗口 10′的注记(40′)。

③再读取测微器上小于 10′的数值(7′16″)。

④将上述的度、分,秒相加,即水平度盘读数为(74°47′16″)

5.归零

(1)首先用测微轮将小于 10′的测微器上的读数对着 0′00″。

(2)打开水平度盘变换手轮的保护盖,用手拨动该手轮,将度和整分调至(0°00′),并保证分划线上、下对齐。

四、注意事项

1.DJ_2 级经纬仪属精密仪器,应避免日晒和雨淋,操作要做到轻、慢、稳。在实训过程中要及时填写实训报告。

2.在对中过程中调节圆水准气泡居中时,切勿用脚螺旋调节,而应用脚架调节,以免破坏对中。

3.整平好仪器后,应检查对中点是否偏移超限。

五、上交资料

每人上交 DJ_2 级光学经纬仪的认识与操作实训报告一份。

上交实训报告，请学生沿此线撕下

实训五(II)

实训报告

日期：　　　班级：　　　组别：　　　姓名：　　　学号：

实训题目	**DJ_2 级光学经纬仪的认识与操作**	成绩	
实训目的			
主要仪器及工具			

1.在下图引出的标线上标明仪器该部件的名称。

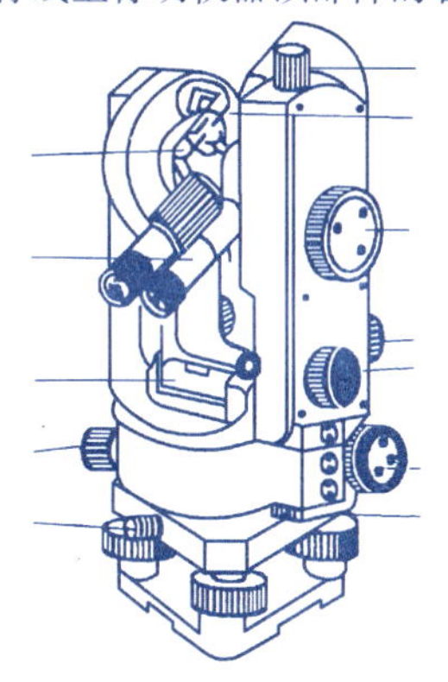

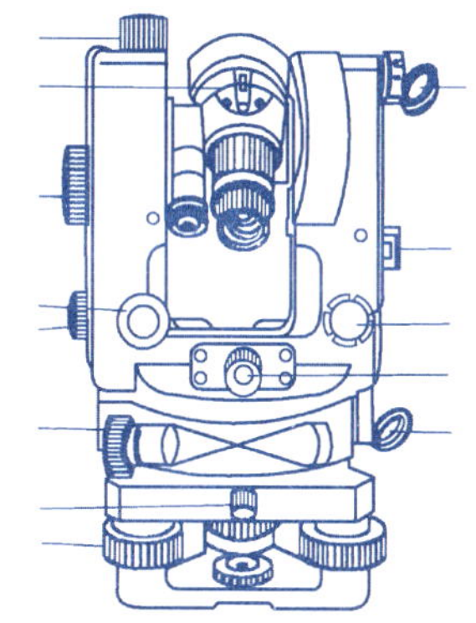

2.绘出所用仪器的读数窗示意图。

3.水平度盘读数设置为00°00′00″、90°00′00″、120°08′35″。

4.观测记录练习：

测　站	目　标	盘左读数	盘右读数	备　注

5.实训总结：

实训六 用测回法观测水平角

一、目的与要求

1. 进一步熟悉经纬仪的构造和操作方法。

2. 学会用测回法观测水平角。

二、仪器与工具

1. 由仪器室借领:经纬仪 1 台、记录板 1 块、测伞 1 把。

2. 自备:计算器、铅笔、草稿纸。

三、实训方法与步骤

1. 在一个指定的点上安置经纬仪。

2. 选择两个明显的固定点作为观测目标或用花杆标定两个目标。

3. 用测回法测定其水平角值。其观测程序如下:

(1)安置好仪器以后,以盘左位置照准左方目标,并读取水平度盘读数。记录人听到读数后,立即回报观测者,经观测者默许后,立即记入测角记录表中。

(2)顺时针旋转照准部照准右方目标,读取其水平度盘读数,并记入测角记录表中。

(3)由(1)、(2)两步完成了上半测回的观测,记录者在记录表中要计算出上半测回角值。

(4)将经纬仪置盘右位置,先照准右方目标,读取水平度盘读数,并记入测角记录表中。其读数与盘左时的同一目标读数大约相差 180°。

(5)逆时针转动照准部,再照准左方目标,读取水平度盘读数,并记入测角记录表中。

(6)由(4)、(5)两步完成了下半测回的观测,记录者再算出其下半测回角值。

(7)至此便完成了一个测回的观测。如上半测回角值和下半测回角值之差没有超限(不超过 ±40″),则取其平均值作为一测回的角度观测值,也就是这两个方向之间的水平角。

4. 如果观测不止一个测回,而是要观测 n 个测回,那么在每测回要重新设置水平度盘起始读数。即对左方目标每测回在盘左观测时,水平度盘应设置些 $180°/n$ 的整倍数来观测。

四、注意事项

1. 在记录前,首先要弄清记录表格的填写次序和填写方法。

2.每一测回的观测中间,如发现水准管气泡偏离,也不能重新整平。本测回观测完毕,下一测回开始前再重新整平仪器。

3.在照准目标时,要用十字丝竖丝照准目标的明显地方,最好看目标下部,上半测回照准什么部位,下半测回仍照准这个部位。

4.长条形较大目标需要用十字丝双丝来照准,点目标用单丝平分。

5.在选择目标时,最好选取不同高度的目标进行观测。

五、上 交 资 料

1.每人上交合格的观测水平角记录表一份。

2.每人上交实训报告一份。

上交实训报告，请学生沿此线撕下

实训六　用测回法观测水平角记录表

日期：　　　　班级：　　　　组别：　　　　姓名：　　　　学号：

测站	盘位	目标	水平度盘读数 (° ′ ″)	半测回角值 (° ′ ″)	一测回水平角 (° ′ ″)	备　注
	左					
	右					
	左					
	右					
	左					
	右					
	左					
	右					

实训六

实 训 报 告

日期：　　　　班级：　　　　组别：　　　　姓名：　　　　学号：

实训题目	用测回法观测水平角	成绩	
实训目的			
主要仪器及工具			
实训场地布置草图			
实训主要步骤			
实训总结			

上交实训报告，请学生沿此线撕下

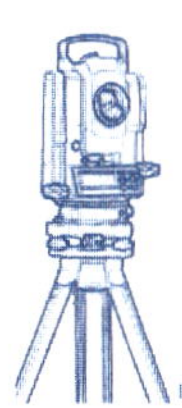

实训七　竖直角观测

一、目的与要求

1.学会竖直角的测量方法。

2.学会竖直角及竖盘指标差的记录、计算方法。

二、仪器与工具

1.由仪器室借领：DJ_6 经纬仪 1 台、记录板 1 块、测伞 1 把。

2.自备：计算器、铅笔、小刀、草稿纸。

三、实训方法与步骤

1.在某指定点上安置经纬仪。

2.以盘左位置使望远镜视线大致水平。竖盘指标所指读数约为 90°。

3.将望远镜物镜端抬高，即当视准轴逐渐向上倾斜时，观察竖盘读数 L 比 90°是增加还是减少，借以确定竖直角和指标差的计算公式。

(1)当望远镜物镜抬高时，如竖盘读数 L 比 90°逐渐减少，则竖直角计算公式为：

$$\alpha_{左} = 90° - L$$

盘右时，竖盘读数为 R，其竖直角公式为：

$$\alpha_{右} = R - 270°$$

$$竖直角\ \alpha = \frac{1}{2}(\alpha_{左} + \alpha_{右}) = \frac{1}{2}(R - L - 180°)$$

(2)当望远镜物镜抬高时，如竖盘读数 L 比 90°逐渐增大，则竖直角计算公式为：

$$\alpha_{左} = L - 90°$$

$$\alpha_{右} = 270° - R$$

$$竖直角\ \alpha = \frac{1}{2}(\alpha_{左} + \alpha_{右}) = \frac{1}{2}(L - R - 180°)$$

在上述两种情况下，竖盘指标差均为：$X = \frac{1}{2}(\alpha_{左} - \alpha_{右}) = \frac{1}{2}(L + R - 360°)$

4.用测回法测定竖直角，其观测程序如下：

(1)安置好经纬仪后，盘左位置照准目标，转动竖盘指标水准管微动螺旋，使水准管气泡居中或打开竖盘指标自动归零装置使之处于 ON 位置，读取竖直度盘的读数 L。记录者将读数值 L 记入竖直角测量记录表中。

(2)根据竖直角计算公式，在记录表中计算出盘左时的竖直角 $\alpha_{左}$。

(3)再用盘右位置照准目标，按照(1)的操作步骤，读取其竖直度盘读数 R。记录者将读数值 R 记入竖直角测量记录表中。

(4)根据竖直角计算公式，在记录表中计算出盘右时的竖直角 $\alpha_{右}$。

(5)计算一测回竖直角值和指标差。

四、注 意 事 项

1. 直接读取的竖盘读数并非竖直角，竖直角通过计算才能获得。

2. 竖盘因其刻划注记和始读数的不同，计算竖直角的方法也就不同，要通过检测来确定正确的竖直角和指标差计算公式。

3. 盘左盘右照准目标时，要用十字丝横丝照准目标的同一位置。

4. 在竖盘读数前，务必要使竖盘指标水准管气泡居中。

五、上 交 资 料

1. 每人上交合格的竖直角测量记录表一份。

2. 每人上交实训报告一份。

上交实训报告，请学生沿此线撕下

实训七　竖直角测量记录表

日期：　　　　班级：　　　　组别：　　　　姓名：　　　　学号：

测站	目标	竖盘位置	竖盘读数（°　′　″）	半测回竖直角（°　′　″）	指标差（′　″）	一测回竖直角（°　′　″）	备　注
		左					
		右					
		左					
		右					
		左					
		右					
		左					
		右					
		左					
		右					竖盘注记形式
		左					
		右					
		左					
		右					
		左					
		右					
		左					
		右					

上交实训报告，请学生沿此线撕下

实训七

实训报告

日期：　　　　班级：　　　　组别：　　　　姓名：　　　　学号：

实训题目	竖直角测量	成绩	
实训目的			
主要仪器及工具			
实训场地布置草图			
实训主要步骤			
实训总结			

实训八　DJ_6级光学经纬仪的检验与校正

一、目的与要求

1.认识 DJ_6 级光学经纬仪的主要轴线及它们之间所具备的几何关系。

2.熟悉 DJ_6 级光学经纬仪的检验。

3.了解 DJ_6 级光学经纬仪的校正方法。

二、仪器与工具

1.由仪器室借领：DJ_6 经纬仪 1 台、记录板 1 块、测伞 1 把、校正针 1 根。

2.自备：计算器、铅笔、小刀、草稿纸。

三、实训方法与步骤

1.指导教师讲解各项检校的过程及操作要领。

2.照准部水准管轴垂直于仪器竖轴的检验与校正。

1)检验方法：

①先将经纬仪严格整平。

②转动照准部，使水准管与三个脚螺旋中的任意一对平行，转动脚螺旋使气泡严格居中。

③再将照准部旋转 180°，此时，如果气泡仍居中，说明该条件能够满足。若气泡偏离中央零点位置，则需进行校正。

2)校正方法：

①先旋转这一对脚螺旋，使气泡向中央零点位置移动偏离格数的一半。

②用校正针拨动水准管一端的校正螺丝，使气泡居中。

③再次将仪器严格整平后进行检验，如需校正，仍用(1)、(2)所述方法进行校正。

④反复进行数次，直到气泡居中后再转动照准部，气泡偏离在半格以内，可不再校正。

3.十字丝竖丝的检验与校正。

1)检验方法：

整平仪器后，用十字丝竖丝的最上端照准一明显固定点，固定照准部制动螺旋和望远镜制动螺旋，然后转动望远镜微动螺旋，使望远镜上下微动，如果该固定点目标不离开竖丝，说明此条件满足，否则需要校正。

2）校正方法：

①旋下望远镜目镜端十字丝环护罩，用螺丝刀松开十字丝环的每个固定螺丝。

②轻轻转动十字丝环，使竖丝处于竖直位置。

③调整完毕后务必拧紧十字丝环的四个固定螺丝，上好十字丝环护罩。

4.视准轴的检验与校正

1）检验方法：

①选与视准轴大致处于同一水平线上的一点作为照准目标，安置好仪器后，盘左位置照准此目标并读取水平度盘读数，记作 $\alpha_{左}$。

②再以盘右位置照准此目标，读取水平度盘读数，记作 $\alpha_{右}$。

③如 $\alpha_{左}=\alpha_{右}\pm180°$，则此项条件满足。如果 $\alpha_{左}\neq\alpha_{右}\pm180°$，则说明视准轴与仪器横轴不垂直，存在视准差 c，即 $2c$ 误差，应进行校正 $2c$ 误差的计算公式如下：

$$2c=\alpha_{左}-(\alpha_{右}-180°)$$

2）校正方法：

①仪器仍处于盘右位置不动，以盘右位置读数为准，计算两次读数的平均值 a。作为正确读数，即

$$\alpha=\frac{\alpha_{左}+(\alpha_{右}\pm180°)}{2}$$

②转动照准部微动螺旋，使水平度盘指标在正确读数 α 上，这时，十字丝交点偏离了原目标。

③旋下望远镜目镜端的十字丝护罩，松开十字丝环上、下校正螺丝，拨动十字丝环左右两个校正螺丝（先松左（右）边的校正螺丝，再紧右（左）边的校正螺丝），使十字丝交点回到原目标，即使视准轴与仪器横轴相垂直。

④调整完后务必拧紧十字丝环上、下两校正螺丝，上好望远镜目镜护罩。

5.横轴的检验与校正。

1）检验方法：

①将仪器安置在一个清晰的高目标附近（望远镜仰角为30°左右），视准面与墙面大致垂直，如图8-1所示。盘左位置照准目标 M，拧紧水平制动螺旋后，将望远镜放到水平位置，在墙上（或横放的尺子上）标出 m_1 点。

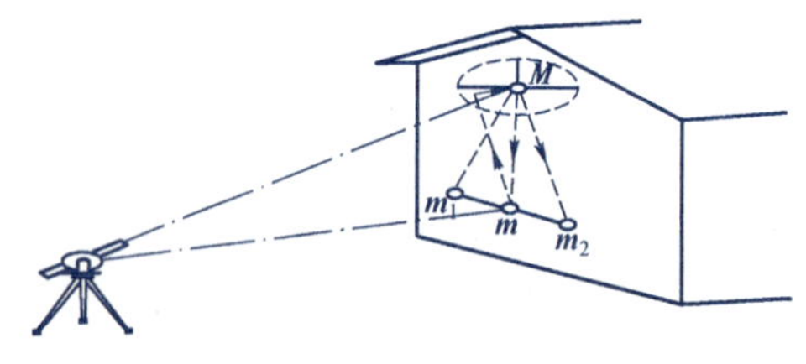

图 8-1

②盘右位置仍照准高目标 M，放平望远镜，在墙上（或横放的尺子上）标出 m_2 点。若 m_1 与 m_2 两点重合，说明望远镜横轴垂直仪器竖轴，否则需校正。

2）校正方法：

①由于盘左和盘右两个位置的投影各向不同方向倾斜，而且倾斜的角度是相等的，取 m_1 与 m_2 的中点 m，即是高目标点 M 的正确投影位置。得到 m 点后，用微动螺旋使望远镜照准 m 点，再仰起望远镜看高目标点 M，此时十字丝交点将偏离 M 点。

②此项校正一般应送仪器组专修后进行。

6.竖盘指标水准管的检验与校正。

1)检验方法：

①安置好仪器后，盘左位置照准某一高处目标(仰角大于30°)，用竖盘指标水准管微动螺旋使水准管气泡居中，读取竖直度盘读数，并根据实训七所述的方法，求出其竖直角 $\alpha_{左}$。

②再以盘右位置照准此目标，用同样方法求出其竖直角 $\alpha_{右}$。

③若 $\alpha_{左} \neq \alpha_{右}$，说明有指标差，应进行校正。

2)校正方法：

①计算出正确的竖直角 α：

$$\alpha = \alpha_{左} + \alpha_{右}$$

②仪器仍处于盘右位置不动，不改变望远镜所照准的目标，再根据正确的竖直角。和竖直度盘刻划特点求出盘右时竖直度盘的正确读数值，并用竖直指标水准管微动螺旋使竖直度盘指标对准正确读数值，这时，竖盘指标水准管气泡不再居中。

③用拨针拨动竖盘指标水准管上、下校正螺丝，使气泡居中，即消除了指标差，达到了检校的目的。

7.光学对点器的检验与校正。

目的：使光学对点器的视准轴经棱镜折射后与仪器的竖轴重合。

1)检验方法：

①对点器安装在基座上的仪器：将仪器水平放置在桌面上并固定仪器(仪器基座距墙约1.3m)，通过对点器标注墙上目标 a，转动基座180°，再看十字丝是否与 a 重合，若重合条件满足，否则需要校正。

②对点器安装在照准部上的仪器：安置经纬仪于脚架上，移动放置在脚架中央地面上标有 a 点的白纸，使十字丝中心与 a 点重合。转动仪器180°，再看十字丝中心是否与地面上的 a 目标重合，若重合条件满足，否则需要校正。

2)校正方法：

仪器类型不同，校正的部位不同，但总的来说有两种校正方式：

①校正转向直角棱镜：

该棱镜在左右支架间用护盖盖着，校正时用校正螺丝调节偏离量的一半即可。

②校正光学对点器目镜十字丝分划板：

调节分划板校正螺丝，使十字丝退回偏离值的一半，即可达到校正的目的。

四、注 意 事 项

1.经纬仪检校是很精细的工作，必须认真对待。

2.在实训过程中及时填写实训报告，发现问题及时向指导教师汇报，不得自行处理。

3.各项检校顺序不能颠倒。在检校过程中要同时填写实训报告

4.检校完毕，要将各个校正螺丝拧紧，以防脱落。

5.每项检校都需重复进行，直到符合要求。

6.校正后应再作一次检验，看其是否符合要求。

7.本次实训只作检验，校正应在指导教师指导下进行。

五、上 交 资 料

每人上交 DJ_6 级光学经纬仪的检验与校正实训报告一份。

上交实训报告，请学生沿此线撕下

实训八

实 训 报 告

日期：　　　　班级：　　　　组别：　　　　姓名：　　　　学号：

<table>
<tr><td>实训题目</td><td>DJ_6 级光学经纬仪的检验与校正</td><td>成绩</td><td></td></tr>
<tr><td>实训目的</td><td colspan="3"></td></tr>
<tr><td>主要仪器及工具</td><td colspan="3"></td></tr>
</table>

1.一般性检验结果是：三脚架__________，水平制动与微动螺旋__________，望远镜制动与微动螺旋__________，照准部转动__________，望远镜转动__________，望远镜成像__________，脚螺旋__________。

2.经纬仪的主要轴线有______________________________，它们之间正确的几何关系是______________________________。

<table>
<tr><td rowspan="2">3.水准管轴的检验</td><td>水准管平行一对脚螺旋时气泡位置图</td><td>照准部旋转 180°后气泡位置图</td><td>照准部旋转 180°后气泡应有的正确位置图</td><td>是否需校正</td></tr>
<tr><td></td><td></td><td></td><td></td></tr>
<tr><td rowspan="2">4.十字丝纵丝的检验</td><td>检验开始时望远镜视场图</td><td>检验终了时望远镜视场图</td><td>正确的望远镜视场图</td><td>是否需校正</td></tr>
<tr><td></td><td></td><td></td><td></td></tr>
</table>

<table>
<tr><td rowspan="7">5.视准轴的检验</td><td rowspan="7">盘左盘右读数法</td><td>仪器安置点</td><td>目标</td><td>盘位</td><td>水平度盘读数</td><td>平均读数</td></tr>
<tr><td rowspan="4">A</td><td rowspan="4">G</td><td rowspan="2">左</td><td></td><td rowspan="4"></td></tr>
<tr><td></td></tr>
<tr><td rowspan="2">右</td><td></td></tr>
<tr><td></td></tr>
<tr><td rowspan="2">检验</td><td colspan="3">计算 $2c=$ 左 $-$（右 $\pm 180°$）</td><td></td></tr>
<tr><td colspan="3">是否需要校正</td><td></td></tr>
</table>

<table>
<tr><td rowspan="4">6.横轴的检验</td><td>仪器安置点</td><td>目标</td><td>盘位</td><td>水平目标点</td><td>两点间水平距离</td></tr>
<tr><td rowspan="2">A
（竖直角大于30°）</td><td rowspan="2">M</td><td>左</td><td>B_1</td><td rowspan="2"></td></tr>
<tr><td>右</td><td>B_2</td></tr>
<tr><td>检验结论</td><td colspan="4"></td></tr>
<tr><td rowspan="5">7.竖盘指标差检验</td><td>仪器安置点</td><td>目标</td><td>盘位</td><td>竖盘读数</td><td>竖直角</td></tr>
<tr><td rowspan="2">A</td><td rowspan="2">G</td><td>左</td><td></td><td></td></tr>
<tr><td>右</td><td></td><td></td></tr>
<tr><td rowspan="2">检验</td><td colspan="3">计算指标差</td><td></td></tr>
<tr><td colspan="3">是否需校正</td><td></td></tr>
<tr><td rowspan="5">8.校正方法简述</td><td>水准管轴</td><td colspan="4"></td></tr>
<tr><td>十字丝纵丝</td><td colspan="4"></td></tr>
<tr><td>视准轴</td><td colspan="4"></td></tr>
<tr><td>横轴</td><td colspan="4"></td></tr>
<tr><td>指标差</td><td colspan="4"></td></tr>
<tr><td>9.实训总结</td><td colspan="5"></td></tr>
</table>

实训九　钢尺一般量距与直线定向

一、目的与要求

1.学会在地面上标定直线及用普通钢尺丈量距离。

2.学会用罗盘仪测定直线的磁方位角。

二、仪器与工具

1.由仪器室借领:20m 钢尺 1 卷、花杆 3 根、测钎 1 束、木桩 3 个、斧子 1 把、记录板 1 块、书包 1 个、罗盘仪 1 台。

2.自备:计算器、铅笔、小刀、计算用纸。

三、实训方法与步骤

1.指导教师讲解本次实训的内容和方法。

2.在实训场地上相距 60m ~ 80m 的 *A* 点和 *B* 点各打一木桩,作为直线端点桩,木桩上钉小铁钉或画十字线作为点位标志,木桩高出地面约 2cm。

3.进行直线定线(如图 9-1 所示)。

先在 *A*、*B* 两点立好花杆,观测员甲站在 *A* 点花杆后面 1m 左右,用单眼通过 *A* 花杆一侧瞄准 *B* 花杆同一侧,形成视线,观测员乙拿着一根花杆到欲定点①处,侧身立好花杆,根据甲的指挥左右移动。当甲观测到①点花杆在 *AB* 同一侧并与视线相切时,喊“好”,乙即在①点做好标志,插一测钎,这时①点就是直线 *AB* 上的一点。同法可定出②点等位置。如需将 *AB* 线延长,则可仿照上述方法,在 *AB* 直线延长线上定线。

4.丈量距离(如图 9-2 所示)

(1)后尺手拿尺的末端在 *A* 点后面,前尺手拿尺的零端,花杆和测钎沿 *A*—*B* 方向前进,走到约一整尺段时停止前进并立花杆,听从后尺手指挥,把花杆立在 *AB* 直线上,做好记号。

(2)前、后尺手都蹲下,后尺手把尺终点对准起点 *A* 的标志,喊“预备”,前尺手把尺通过定线时所作的记号,两人同时把尺拉直,拉力大小适当,尺身要保持水平,当尺拉稳后,后尺手喊“好”,这时前尺手对准尺的零点刻划,在地面竖直地插入一根测钎,如图 9-2 中的①点,插好后喊“好”,这样就量完了一个整尺段。

(3)前、后尺手抬尺前进,当后尺手到达①点测钎后,重复上述操作,丈量第二整尺段,得到②点,量好后继续向前丈量,后尺手依次收回测钎,一根测钎代表一个整尺段。丈量到 *B*

点前的最后一段，由前尺手对零，后尺手读出该不足整尺段长度。

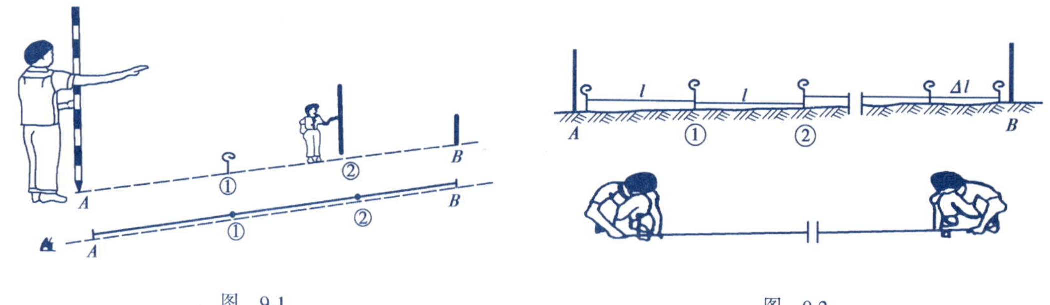

图 9-1

图 9-2

(4)计算总长度。至此完成了往测的任务。

5.再用上述(1)、(2)、(3)的方法进行返测。取往返丈量的平均值作为这段距离的量测值，即 $D_{AB}=\frac{(D_{AB往}+D_{AB返})}{2}$

6.轮换工作再进行往返丈量。

7.在记录表中进行成果整理和精度计算。直线丈量相对误差要小于1/2000。

8.如果丈量成果超限，要分析原因并进行重量，直至符合要求为止。

9.用罗盘仪测定其磁方位角：

(1)将罗盘仪安置在 A 点，进行整平和对中。

(2)瞄准 B 点的花杆后，放松磁针制动螺旋。

(3)待磁针静止后，读出磁针北端在刻度盘上所标的读数，即为直线 AB 的磁方位角。

(4)再将罗盘仪安置在 B 点上，用(1)、(2)、(3)的方法测定直线 AB 的磁方位角进行校核。

四、注意事项

1.本次实训内容多，各组同学要互相帮助，以防出现事故。

2.借领的仪器、工具在实训中要保管好，防止丢失。

3.使用罗盘仪时，用完后务必把磁针托起，以免磁针脱落。

4.钢尺切勿扭折或在地上拖拉。用后要用油布擦净，然后卷入盒中。

五、上交资料

1.每组上交合格的距离丈量记录表一份。

2.每人上交实训报告一份。

上交实训报告，请学生沿此线撕下

实训九

距离丈量记录表

日期：　　　　班级：　　　　组别：　　　　姓名：　　　　学号：

<table>
<tr><td colspan="2">工程名称：
钢尺型号：</td><td colspan="2">日期：
天气：</td><td colspan="2">温度：
气压：</td><td colspan="2">量距：
记录：</td></tr>
<tr><td>测线</td><td>方向</td><td>整尺段</td><td>零尺段</td><td>总计</td><td>较差</td><td>精度</td><td>备注</td></tr>
<tr><td rowspan="2"></td><td></td><td></td><td></td><td></td><td rowspan="2"></td><td rowspan="2"></td><td rowspan="2"></td></tr>
<tr><td></td><td></td><td></td><td></td></tr>
<tr><td rowspan="2"></td><td></td><td></td><td></td><td></td><td rowspan="2"></td><td rowspan="2"></td><td rowspan="2"></td></tr>
<tr><td></td><td></td><td></td><td></td></tr>
<tr><td rowspan="2"></td><td></td><td></td><td></td><td></td><td rowspan="2"></td><td rowspan="2"></td><td rowspan="2"></td></tr>
<tr><td></td><td></td><td></td><td></td></tr>
<tr><td rowspan="2"></td><td></td><td></td><td></td><td></td><td rowspan="2"></td><td rowspan="2"></td><td rowspan="2"></td></tr>
<tr><td></td><td></td><td></td><td></td></tr>
<tr><td rowspan="2"></td><td></td><td></td><td></td><td></td><td rowspan="2"></td><td rowspan="2"></td><td rowspan="2"></td></tr>
<tr><td></td><td></td><td></td><td></td></tr>
<tr><td rowspan="2"></td><td></td><td></td><td></td><td></td><td rowspan="2"></td><td rowspan="2"></td><td rowspan="2"></td></tr>
<tr><td></td><td></td><td></td><td></td></tr>
<tr><td rowspan="2"></td><td></td><td></td><td></td><td></td><td rowspan="2"></td><td rowspan="2"></td><td rowspan="2"></td></tr>
<tr><td></td><td></td><td></td><td></td></tr>
<tr><td rowspan="2"></td><td></td><td></td><td></td><td></td><td rowspan="2"></td><td rowspan="2"></td><td rowspan="2"></td></tr>
<tr><td></td><td></td><td></td><td></td></tr>
<tr><td rowspan="2"></td><td></td><td></td><td></td><td></td><td rowspan="2"></td><td rowspan="2"></td><td rowspan="2"></td></tr>
<tr><td></td><td></td><td></td><td></td></tr>
<tr><td rowspan="2"></td><td></td><td></td><td></td><td></td><td rowspan="2"></td><td rowspan="2"></td><td rowspan="2"></td></tr>
<tr><td></td><td></td><td></td><td></td></tr>
</table>

上交实训报告，请学生沿此线撕下

实训九

实训报告

日期： 班级： 组别： 姓名： 学号：

实训题目	钢尺一般量距与罗盘仪定向	成绩	
实训目的			
主要仪器及工具			
实训场地布置草图			
实训主要步骤			
实训总结			

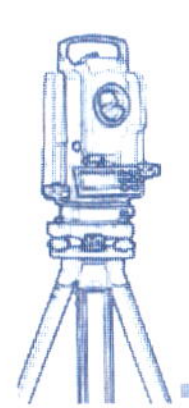

实训十　四等水准测量*

一、目的与要求

1.学会用双面水准尺进行四等水准测量的观测、记录、计算方法。

2.熟悉四等水准测量的主要技术指标,掌握测站及水准路线的检核方法。

二、仪器与工具

1.由仪器室借领:DS_3 水准仪 1 台、双面水准尺 2 根,记录板 1 块,尺垫 2 个,测伞 1 把。

2.自备:计算器、铅笔、小刀、计算用纸。

三、实训方法与步骤

1.选定一条闭合或附合水准路线,其长度以安置 4 ~ 6 个测站为宜。沿线标定待定点的地面标志。

2.在起点与第一个立尺点之间设站,安置好水准仪后,按以下顺序观测:

后视黑面尺,读取下、上丝读数;精平,读取中丝读数;分别记入录表(1)、(2)、(3)顺序栏中;

前视黑面尺,读取下、上丝读数;精平,读取中丝读数;分别记入记录表(4)、(5)、(6)顺序栏中;

前视红面尺,精平,读取中丝读数;记入记录表(7)顺序栏中;

后视红面尺,精平,读取中丝读数;记入记录表(8)顺序栏中;

这种观测顺序简称"后—前—前—后",也可采用"后—后—前—前"的观测顺序。

3.各种观测记录完毕应随即计算:

①黑、红面分划读数差(即同一水准尺的黑面读数 + 常数 K - 红面读数)填入记录表(9)(10)顺序栏中,(9) = K + (6) - (7);(10) = K + (3) - (8);

②黑、红面分画所测高差之差填入记录表(11)、(12)、(13)顺序栏中,(11) = (3) - (6),(12) = (8) - (7),(13) = (10) - (9);

③高差中数填入记录表(14)顺序栏中,(14) = $\frac{1}{2}$[(11) + (12) ± 0.100];

④前、后视距(即上、下丝读数差乘以 100,单位为 m)填入记录表(15)、(16)顺序栏中,(15) = (1) - (2),(16) = (4) - (5);

⑤前、后视距差填入记录表(17)顺序栏中,(17) = (15) - (16);

⑥前、后视距累积差填入记录表(18)顺序栏中,(18) = 上站(18) + 本站(17);

⑦检查各项计算值是否满足限差要求。

4. 依次设站同法施测其它各站。

5. 全路线施测完毕后计算:

①路线总长(即各站前、后视距之和)

②各站前、后视距差之和(应与最后一站累积视距差相等);

③各站后视读数和、各站前视读数和、各站高差中数之和(应为上两项之差的 1/2);

④路线闭合差(应符合限差要求);

⑤各站高差改正数及各待定点的高程。

四、注意事项

1. 每站观测结束后应当即计算检核,若有超限则重测该测站。全路线施测计算完毕,各项检核均已符合,路线闭合差也在限差之内,即可收测。

2. 有关技术指标的限差规定见下表。

等级	视线高度(m)	视距长度(m)	前后视距差(m)	前后视距累计差(m)	黑、红面分划读数差(mm)	黑、红面分划所测高差之差(mm)	路线闭合差(mm)
四	> 0.2	≤80	≤3.0	≤10.0	3.0	5.0	$\pm 20\sqrt{L}$

注:表中 L 为路线总长,以 km 为单位。

3. 四等水准测量作业的集体观念很强,全组人员一定要互相合作,密切配合,相互体谅。

4. 记录者要认真负责,当听到观测值所报读数后,要回报给观测者,经默许后,方可记入记录表中。如果发现有超限现象,立即告诉观测者进行重测。

5. 严禁为了快出成果,转抄、照抄、涂改原始数据。记录的字迹要工整、整齐、清洁。

6. 四等水准测量记录表内(　)中的数,表示观测读数与计算的顺序。(1) ~ (8)为记录顺序,(9) ~ (18)为计算顺序。

7. 仪器前后尺视距一般不超过 80m。

8. 双面水准尺每两根为一组,其中一根尺常数 $K_1 = 4.687$m,另一根尺常数 $K_2 = 4.787$m,两尺的红面读数相差 0.100m(即 4.687 与 4.787 之差)。当第一测站前尺位置决定以后,两根尺要交替前进,即后变前,前变后,不能搞乱。在记录表中的方向及尺号栏内要写明尺号,在备注栏内写明相应尺号的 K 值。起点高程可采用假定高程,即设 $H_0 = 100.00$m。

9. 四等水准测量记录计算比较复杂,要多想多练,步步校核,熟中取巧。

10. 四等水准测量在一个测站的观测顺序应为:后视黑面三丝读数,前视黑面三丝读数,前视红面中丝读数,后视红面中丝读数,称为"后—前—前—后"顺序。当沿土质坚实的路线进行测量时,也可以用"后—后—前—前"的观测顺序。

五、上交资料

1. 每人上交合格的四等水准测量记录表一份。

2. 每人上交实训报告一份。

实训十　四等水准测量记录表

测自　　　　至　　　　止　　　　天气：　　　　观测者：

时间：　　　　年　　月　　日　　成像：　　　　记录者：

测站编号	点号	后尺 下丝	前尺 下丝	方向及尺号	标尺读数(m) 黑面	标尺读数(m) 红面	K+黑－红(mm)	高差中数(m)	备注
		后尺 上丝	前尺 上丝						
		后视距(m)	前视距(m)						
		视距差 d(m)	$\sum d$(m)						
填表示范		(1)	(4)	后	(3)	(8)	(10)	(14)	
		(2)	(5)	前	(6)	(7)	(9)		
		(15)	(16)	后—前	(11)	(12)	(13)		
		(17)	(18)						
				后					
				前					
				后—前					
				后					
				前					
				后					
				前					
				后—前					
				后					
				前					
				后—前					

校核

$\sum(15)=$
$-)\sum(16)=$
$=$
$=$末站(18)

$\sum(3)+\sum(8)=$
$-)(6)+\sum(7)=$
$=$
总视距 $=\sum(15)+\sum(16)=$

$\sum(11)+\sum(12)=$
$\sum(14)=$
$2\sum(14)=$

上交实训报告，请学生沿此线撕下

上交实训报告，请学生沿此线撕下

实训十

实训报告

日期： 班级： 组别： 姓名： 学号：

实训题目	四等水准测量	成绩	
实训目的			
主要仪器及工具			
实训场地布置草图			
实训主要步骤			
实训总结			

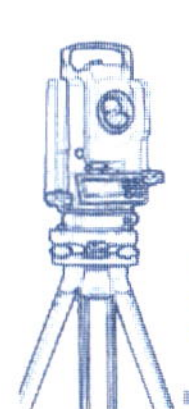

实训十一　经纬仪测绘法测图

一、目的与要求

1.熟悉经纬仪测绘法测图的操作要领。

2.了解经纬仪测绘法测图全部组织工作。

二、仪器与工具

1.由仪器室借领:经纬仪1台、小平板1套、三角板1副、量角器1个、记录板1块、花杆1根、视距尺1根、大头针5枚、比例尺1把、卷尺1盒、图纸1张、测伞1把、测旗1面、书包1个。

2.自备:计算器、铅笔、小刀、橡皮、分规、草稿纸。

三、实训方法与步骤

1.在选定的测站上安置经纬仪,量取仪器高,并在经纬仪旁边架设小平板(图纸已粘在小平板上)。

2.用大头针将量角器中心与平板图纸上已展绘出的该测站点固连。

3.选择好起始方向(另一控制点)并标注在小平板的格网图纸上。

4.经纬仪盘左位置照准起始方向后,水平度盘设置成00°00′00″。

5.用经纬仪望远镜的十字丝中丝照准所测地形点视距尺上的“便利高”分划处的标志,读取水平角、竖盘读数(计算出竖直角)及视距间隔,算出视距,并用视距和竖直角计算高差和平距,同时根据测站点的假定高程计算出此地形点的高程。

6.绘图人员用量角器从起始方向量取水平角,定出方向线,在此方向线上依测图比例尺量取平距,所得点位就是把该地形点按比例尺测绘到图纸上的点,然后在点的右旁标注其高程。

7.用同样的方法,可将其它地形特征点测绘到图纸上,并描绘出地物轮廓线或等高线。

8.人员分工是一人观测、一人绘图、一人记录和计算、一人跑尺,每人测绘数点后,再交换工作。

四、注意事项

1.此测图方法,经纬仪负责全部观测任务,小平板只起绘图作用。

2.起始方向选好后，经纬仪在此方向上要严格设置成00°00′00″。观测期间要经常进行检查，发现问题及时纠正或重测。

3.在读竖盘读数时，要使竖盘指标水准管气泡居中并应注意修正，因竖盘指标差对竖直角有影响。

4.记录、计算要迅速准确，保证无误。

5.测图中要保持图纸清洁，尽量少画无用线条。

6.仪器和工具比较多，要各负其责，既不出现仪器事故，又不丢失测图工具。

7.测点高程采用假定高程，碎部点均采用“便利高”法观测。

8.跑尺者与观测者要按预先约定好的旗语手势进行作业。

五、上 交 资 料

1.每组上交经纬仪测绘法测图记录表和所测原图各一份。

2.每人上交实训报告一份。

实训十一　经纬仪测绘法测图记录表

测站：　　　　后视点：　　　　仪器高 i =　　　　测站高程 H_0 =

碎部点	视距间隔 n (m)	中丝读数 τ (m)	竖盘读数 (°　′)	竖直角值 (°　′)	高差 h (m)	$i-\tau$ (m)	水平角值 β (°　′)	水平距离 D (m)	高程 H (m)	备注

上交实训报告，请学生沿此线撕下

实训十一

实训报告

日期：　　　　班级：　　　　组别：　　　　姓名：　　　　学号：

实训题目	**经纬仪测绘法测图**	成绩	
实训目的			
主要仪器及工具			
实训场地布置草图			
实训主要步骤			
实训总结			

上交实训报告，请学生沿此线撕下

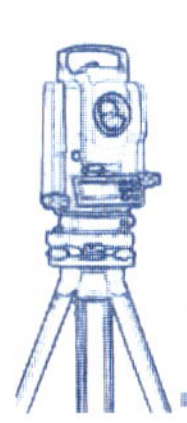

实训十二　圆曲线主点测设

一、目的与要求

1. 学会路线交点转角的测定方法。
2. 掌握圆曲线主点里程的计算方法。
3. 熟悉圆曲线主点的测设过程。

二、仪器与工具

1. 由仪器室借领:经纬仪 1 台、花杆 3 根、木桩 3 个、斧子 1 把、测钎 1 束、皮尺 1 卷、记录板 1 块、测伞 1 把、书包 1 个。
2. 自备:计算器、铅笔、小刀、计算用纸。

三、实训方法与步骤

1. 在平坦地区定出路线导线的三个交点(JD_1、JD_2、JD_3),如图 12-1 所示,并在所选点上用木桩标定其位置。导线边长要大于 80m,目估 $\beta_{右} < 145°$。

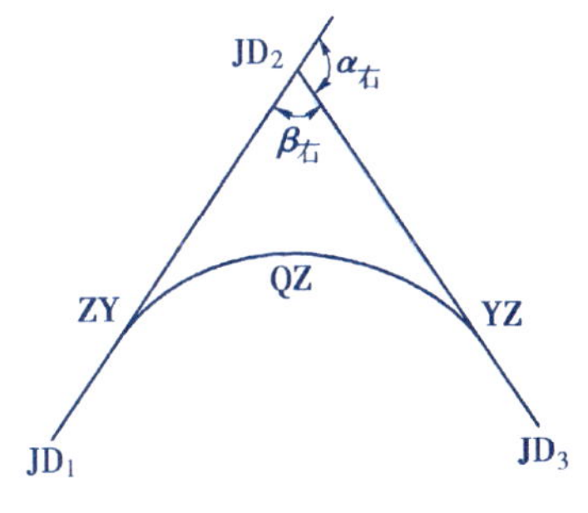

图　12-1

2. 在交点 JD_2 上安置经纬仪,用测回法观测出 $\beta_{右}$,并计算出转角 $\alpha_{右}$。同时用经纬仪设置 $\beta_{右}/2$ 的方向线,即 $\beta_{右}$ 的角平分线。

$$\alpha_{右} = 180° - \beta_{右}$$

3. 假定圆曲线半径 $R = 100$m,然后根据 R 和 $\alpha_{右}$,计算曲线测设元素 L、T、E、D。
4. 计算圆曲线主点的里程(假定 JD_2 的里程为 K4 + 296.67)。计算列表如下:

	JD$_2$	K4+296.67
	−)	T
		ZY
	+)	L
		YZ
	−)	$L/2$
		QZ
	+)	$D/2$
校核计算	JD$_2$	K4+296.67

5.设置圆曲线主点：

(1)在 JD$_2$—JD$_1$ 方向线上，自 JD$_2$ 量取切线长 T，得圆曲线起点 ZY，插一测钎，作为起点桩。

(2)在 JD$_2$—JD$_3$ 方向线上，自 JD$_2$ 量取切线长 T，得圆曲线终点 YZ，插一测钎，作为终点桩。

(3)在角平分线上自 JD$_2$ 量取外距 E，得圆曲线中点 QZ，插一测钎，作为中点桩。

6.站在曲线内侧观察 ZY、QZ、YZ 桩是否有圆曲线的线形，以作为概略检核。

7.交换工种后再重复(1)、(2)、(3)的步骤，看两次设置的主点位置是否重合。如果不重合，而且差得太大，那就要查找原因，重新测设。如在容许范围内，则点位即可确定。

四、注意事项

1.为使实训直观便利，克服场地的限制，本次实训规定 $30° < \alpha_{右} < 40°$，$R = 100\text{m}$。在实训过程中及时填写实训报告。

2.计算主点里程时要两人独立计算，加强校核，以防算错。

3.本次实训事项较多，小组人员要紧密配合，保证实训顺利完成。

五、上交资料

1.每人上交圆曲线主点里程计算表一份，每组上交主点测设草图一张。

2.每人上交实训报告一份。

上交实训报告，请学生沿此线撕下

实训十二　实训报告

日期：　　　　班级：　　　　组别：　　　　姓名：　　　　学号：

<table>
<tr><td colspan="2">实训题目</td><td colspan="3">**圆曲线主点测设**</td><td>成绩</td><td colspan="2"></td></tr>
<tr><td colspan="2">实训目的</td><td colspan="6"></td></tr>
<tr><td colspan="2">主要仪器及工具</td><td colspan="6"></td></tr>
<tr><td colspan="2">交点号</td><td colspan="3"></td><td>交点桩号</td><td colspan="2"></td></tr>
<tr><td rowspan="5">转角观测结果</td><td>盘位</td><td>目标</td><td>水平度盘读数</td><td>半测回右角值</td><td>右角</td><td>转角</td></tr>
<tr><td rowspan="2">盘左</td><td></td><td></td><td rowspan="2"></td><td rowspan="4"></td><td rowspan="4"></td></tr>
<tr><td></td><td></td></tr>
<tr><td rowspan="2">盘右</td><td></td><td></td><td rowspan="2"></td></tr>
<tr><td></td><td></td></tr>
<tr><td>曲线元素</td><td colspan="6">R(半径)=　　　　T(切线长)=　　　　E(外距)=
α(转角)=　　　　L(曲线长)=　　　　D(超距)=</td></tr>
<tr><td>主点桩号</td><td colspan="6">ZY 桩号：　　　　QZ 桩号：　　　　YZ 桩号：</td></tr>
<tr><td rowspan="2">主点测设方法</td><td colspan="3">测 设 草 图</td><td colspan="3">测 设 方 法</td></tr>
<tr><td colspan="3"></td><td colspan="3"></td></tr>
<tr><td>实训总结</td><td colspan="6"></td></tr>
</table>

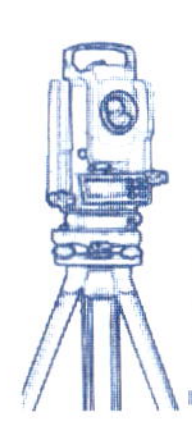

实训十三　圆曲线详细测设

(Ⅰ) 切线支距法详细测设圆曲线

一、目的与要求

1.学会用切线支距法详细测设圆曲线。

2.掌握切线支距法测设数据的计算及测设过程。

二、仪器与工具

1.由仪器室借领:经纬仪1台、皮尺1卷、斧子1把、花杆3根、测钎1束、方向架1个、记录板1块、木桩5个、测伞1把、书包1个。

2.自备:计算器、铅笔、小刀、记录计算用纸。

三、实训方法与步骤

1.在实训前首先按照本次实训所给的实例计算出所需测设数据(实例见后),并把计算结果填入实训报告中。

2.根据所算出的圆曲线主点里程设置圆曲线主点,其设置方法与实训十二相同。

3.将经纬仪置于圆曲线起点(或终点),标定出切线方向,也可以用花杆标定切线方向。

4.根据各里程桩点的横坐标用皮尺从曲线起点(或终点)沿切线方向量取 x_1、x_2、x_3,得垂足 N_1、N_2、N_3,并用测钎标记之,如图13-1所示。

5.在垂足 N_1、N_2、N_3…各点用方向架标定垂线,并沿此垂线方向分别量出 y_1、y_2、y_3…,即定出曲线上 P_1、P_2、P_3…各桩点,并用测钎标记其位置。

6.从曲线的起(终)点分别向曲线中点测设,测设完毕后,用丈量所定各点间弦长来校核其位置是否正确。也可用弦线偏距法进行校核。

7.绘制测设曲线草图。

四、注意事项

1.本次实训是在实训十二的基础上进行的,所以对实训十二的方法及要领要了如指掌。

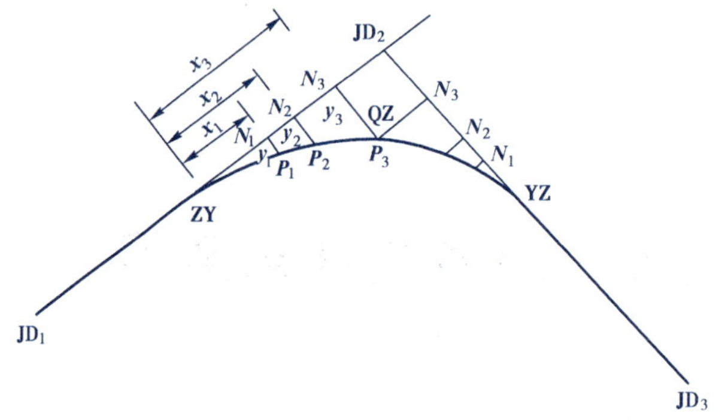

图 13-1

2.应在实训前将实例的全部测设数据计算出来,不要在实训中边算边测,以防时间不够或出错(如时间允许,也可不用实例,直接在现场测定右角后进行圆曲线的详细测设)。

五、实　例

已知:圆曲线的半径 $R=100$m.转角 $\alpha_{右}=34°30'$,JD_2 的里程为 K4+296.67,桩距 $l_0=10$m 按整桩距法设桩,试计算各桩点的坐标(x,y),并详细设置此圆曲线。

六、上交资料

1.每组上交测设草图一张。

2.每人上交实训报告一份。

上交实训报告，请学生沿此线撕下

实训十三(Ⅰ)

实 训 报 告

日期：　　　　班级：　　　　组别：　　　　姓名：　　　　学号：

实训题目	切线支距法详细测设圆曲线	成绩	
实训目的			
主要仪器及工具			
交点号		交点桩号	

转角观测结果	盘位	目标	水平度盘读数	半测回右角值	右角	转角
	盘左					
	盘右					

曲线元素

R(半径)=　　　　T(切线长)=　　　　E(外距)=

α(转角)=　　　　L(曲线长)=　　　　D(超距)=

主点桩号

ZY 桩号：　　　　QZ 桩号：　　　　YZ 桩号：

各中桩的测设数据

桩　号	曲线长	x	y	备　注

	桩 号	曲线长	x	y	备 注
各中桩的测设数据					
测设方法	测 设 草 图		测 设 方 法		
实训总结					

（II）偏角法详细测设圆曲线*

一、目的与要求

1.学会用偏角法详细测设圆曲线。

2.掌握偏角法测设数据的计算及测设方法。

二、仪器与工具

1.由仪器室借领：经纬仪 1 台、皮尺 1 卷、斧子 1 把、花杆 3 根、测纤 1 束、记录板 1 块，木桩 5 个、测伞 1 把、书包 1 个。

2.自备：计算器、铅笔、小刀、计算用纸。

三、实训方法与步骤

1.在实训前首先按照本次实训所给的实例计算出所需测设数据（实例见后），并把计算结果填入实训报告中。

2.根据所算出的圆曲线主点里程设置圆曲线主点，其设置方法与实训十二相同。

3.将经纬仪置于圆曲线起点 ZY（A），后视交点 JD_2 得切线方向，水平度盘设置起始读数 $360°-\Delta$。如图 13-2 所示。

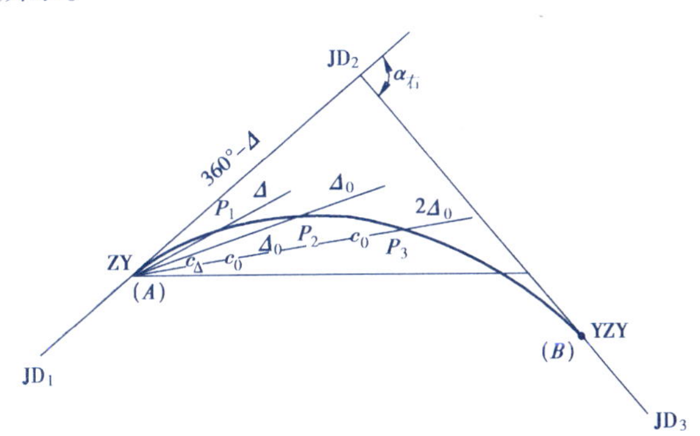

图 13-2

4.转动照准部，使水平度盘读数为 00°00′00″（P_1 点的偏角读数），得 AP_1 方向，沿此方向从 A 点量出首段弦长得整桩 P_1，在 P_1 点上插一测钎。

5.对照所计算的偏角表，转动照准部，使度盘对准整弧段 l_0 的偏角 Δ_0（P_2 点的偏角读数），得 AP_2 方向，从 P_1 点量出整弧段的弦长 c_0 与 AP_2 方向线相交得 P_2 点，在 P_2 点上插一插测钎。

6.转动照准部，使度盘对准 $2l_0$ 的偏角 $2\Delta_0$（P_3 点的偏角读数），得 AP_3 方向，从 P_2 点量出 c_0 与 AP_3 方向线相交得 P_3，在 P_3 点上插一测钎。

7.以此类推定出其它各整桩点。

8.最后应闭合于曲线终点 YZ(B),当转动照准部使度盘对准偏角心 $n\Delta_O + \Delta_B$(终点 B 的偏角读数)得 AB 方向,从 P_n 点量出尾弧段弦长 C_B 与 AB 方向线相交,其交点应为原设的 YZ 点,如两者不重合,其闭合差一般不得超过如下规定,否则应检查原因,进行改正或重测。

半径方向(横向):±0.1m;

切线方向(纵向):±(L/1000)m,L 为曲线长。

如果将经纬仪置于曲线终点 YZ(B)上,反拨偏角测设圆曲线(即路线为左转角时正拨偏角测设圆曲线),其测设方法与正拨偏角测设方法基本相同。所不同之处就是反拨偏角值等于 360°减去正拨偏角。

9.绘制测设曲线草图。

四、注意事项

1.本次实训是在实训十二的基础上进行的,故对实训十二的方法及要领应了如指掌。

2.应在实训前将算例的全部测设数据计算出来,不能在实训中边算边测,以防时间不够或出错(如时间允许,也可不用实例,直接测定右角后进行圆曲线的详细测设)。

五、实　　例

已知:圆曲线的半径及 = 100m,转角 $\alpha = 34°30'$,JD 的里程为 K4 + 296.67,桩距 L_O = 10m,按整桩号法设桩,试计算各桩点的偏角值,并详细设置此圆曲线。

六、上交资料

1.每组上交测设草图一张。

2.每人上交实训报告一份。

上交实训报告，请学生沿此线撕下

实训十三(II)　实训报告

日期：　　　　班级：　　　　组别：　　　　姓名：　　　　学号：

实训题目	偏角法详细测设圆曲线	成绩	
实训目的			
主要仪器及工具			
交点号		交点桩号	

转角观测结果	盘位	目标	水平度盘读数	半测回右角值	右角	转角
	盘左					
	盘右					

曲线元素			
	R(半径)=	T(切线长)=	E(外距)=
	α(转角)=	L(曲线长)=	D(超距)=

主点桩号			
	ZY 桩号：	QZ 桩号：	YZ 桩号：

各中桩的测设数据	桩　号	曲线长	偏角	水平度盘读数	弦长	备　注

<table>
<tr><td rowspan="14">各中桩的测设数据</td><td>桩　号</td><td>曲线长</td><td>偏角</td><td>水平度盘读数</td><td>弦长</td><td>备　注</td></tr>
<tr><td></td><td></td><td></td><td></td><td></td><td></td></tr>
<tr><td></td><td></td><td></td><td></td><td></td><td></td></tr>
<tr><td></td><td></td><td></td><td></td><td></td><td></td></tr>
<tr><td></td><td></td><td></td><td></td><td></td><td></td></tr>
<tr><td></td><td></td><td></td><td></td><td></td><td></td></tr>
<tr><td></td><td></td><td></td><td></td><td></td><td></td></tr>
<tr><td></td><td></td><td></td><td></td><td></td><td></td></tr>
<tr><td></td><td></td><td></td><td></td><td></td><td></td></tr>
<tr><td></td><td></td><td></td><td></td><td></td><td></td></tr>
<tr><td></td><td></td><td></td><td></td><td></td><td></td></tr>
<tr><td></td><td></td><td></td><td></td><td></td><td></td></tr>
<tr><td></td><td></td><td></td><td></td><td></td><td></td></tr>
<tr><td></td><td></td><td></td><td></td><td></td><td></td></tr>
<tr><td rowspan="2">测设方法</td><td colspan="3">测 设 草 图</td><td colspan="3">测 设 方 法</td></tr>
<tr><td colspan="3"></td><td colspan="3"></td></tr>
<tr><td>实训总结</td><td colspan="6"></td></tr>
</table>

实训十四　带有缓和曲线段的平曲线详细测设

(Ⅰ)用切线支距法测设带有缓和曲线段的平曲线

一、目的与要求

1.学会用切线支距法测设带有缓和曲线段的平曲线。

2.学会计算曲线测设所需数据。

二、仪器与工具

1.由仪器室借领:经纬仪1台、钢尺或皮尺1卷、十字方向架1个、花杆3根、测钎2束、记录板1个、工具包1个、木桩若干、斧子1把、测伞1把。

2.自备:计算器、铅笔、小刀、计算用纸。

三、实训方法与步骤

当时间较紧时,应在实训前按照本次实训所给的实例计算出测设曲线所需的数据,并将计算结果填入实训报告中。

1.主点测设

(1)选定 JD_1、JD_2、JD_3,使路线转角为35°30′,相邻交点间距不小于80m。

(2)在 JD_2 安置经纬仪,设置分角线方向。

(3)测设曲线主点:

①自 JD_2 沿 $JD_2 \rightarrow JD_1$ 方向量切线长 T_h 得ZH点。

②自 JD_2 沿 $JD_2 \rightarrow JD_3$ 方向量切线长 T_h 得HZ点。

③自 JD_2 沿分角线方向量外距 E_h 得QZ点。

④自ZH沿切线向 JD_2 量 x_h 得HY点对应的垂足位置,在该垂足位置用十字方向架定出垂线方向并沿垂线方向量 y_h 即得HY点。

⑤由HZ沿切线向 JD_2 量 x_h 得YH点对应的垂足位置,在该垂足位置用十字方向架定出垂线方向,并沿垂线方向量 y_h 即得YH点。

2.详细测设

1)测设ZH～HY段:

(1)如图 14-1 所示，自 ZH 点沿切线向 JD_2 量 P_1、P_2…的坐标 x_1、x_2…，得垂足 N_1、N_2…，并用测钎标记。

(2)依次在 N_1、N_2、…用十字方向架定出垂线方向，分别沿各垂线方向量坐标 y_1、y_2..…，即得 P_1、P_2…桩位，钉木桩或用测钎标记。

2)测设 HY ~ QZ 段：

(1)如图 14-2 所示，自 ZH 点沿切线向 JD_2 量 T_d，该点与 HY 点的连线即为 HY 点的切线方向。

(2)自 HY 点沿点的切线方向量 P_1、P_2…的坐标 x_1、x_2…，得垂足 N_1、N_2 用测钎标记。

(3)依次在 N_1、N_2…用十字方向架定出垂线方向，分别沿各垂线方向量坐标 y_1、y_2…，即得 P_1、P_2…桩位，钉木桩或用测钎标记。

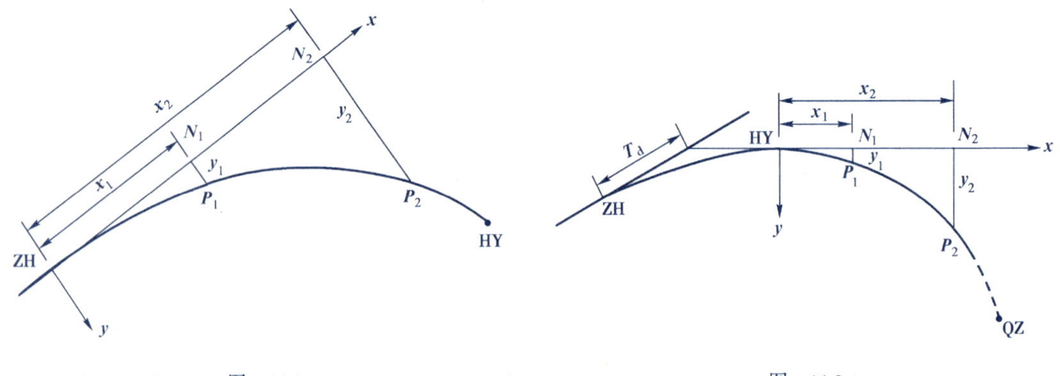

图 14-1　　　图 14-2

3)测设 HZ ~ YH 段：

(1)如图 14-3 所示，自 HZ 点沿切线向 JD_2 量 P_1、P_2…，的坐标 x_1、x_2…，得垂足 N_1、N_2…，并用测钎标记。

(2)依次在 N_1、N_2…用十字方向架定出垂线方向，分别沿各垂线方向量坐标 y_1、y_2…，即得 P_1、P_2…桩位，钉木桩或用测钎标记。

4)测设 YH ~ QZ 段：

(1)如图 14-3 所示，自 HZ 点沿切线向 JD_2 量 P_n、P_{n+1}…的坐标 x_n、x_{n+1}…，得垂足 N_n、N_{n+1}…并用测钎标记。

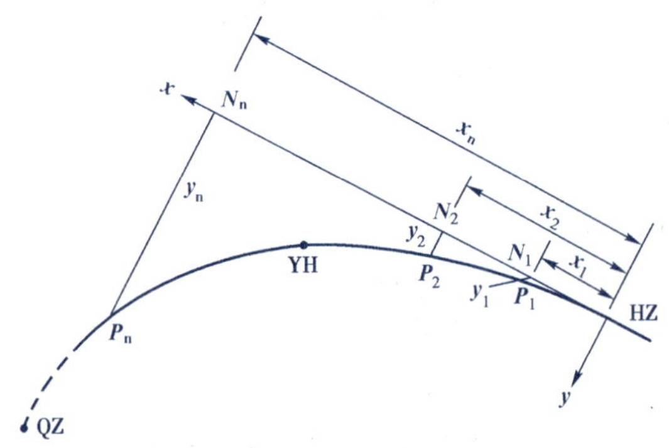

图 14-3

(2)依次在 N_n、N_{n+1}…用十字方向架定出垂线方向，分别沿各垂线方向量坐标 y_1、y_2…，即得 P_n、P_{n+1}…桩位，钉木桩或用测钎标记。

3.校核

目测所测平曲线是否顺适，并丈量相邻桩间的弦长进行校核。

4.绘制测设曲线草图。

四、实　　例

已知：JD_2 的里程桩号为 K0 + 986.38，转角 $\alpha_{右} = 35°30'$，曲线半径 $R = 100m$，缓和曲线长 $L_S = 35m$（也可以根据实训场地的具体情况改用其它数据）。要求桩距为 10m，用切线支距法详细测设此曲线（将计算结果填入实训报告中）。

五、注意事项

1.计算测设数据时要细心。曲线元素经复核无误后才可计算主点桩号，主点桩号经复核无误后才可计算各桩的测设数据。各桩的测设数据经复核无误后才可进行测设。

2.在计算各桩的测设数据 x、y 时，注意不要用错计算公式。

3.曲线加桩的测设是在主点桩测设的基础上进行的，因此测设主点桩时要十分细心。

4.在丈量切线长、外距、x、y 时，尺身要水平。

5.当 y 值较大时，用十字方向架定垂线方向一定要细心，把垂线方向定准确，否则会产生较大的误差。

6.平曲线的闭合差一般不得超过以下规定：

半径方向：±0.1m；

切线方向：±(L/1000)，L 为曲线长。

7.当时间较紧时，应在实训前计算好测设曲线所需的数据，不能在实训中边算边测，以防时间不够或出错（如时间允许，也可不用实例，而在现场直接选定交点，测定转角后进行曲线测设）。

六、上交资料

每人上交实训报告一份。

上交实训报告，请学生沿此线撕下

实训十四(I)

实训报告

日期：　　　班级：　　　组别：　　　姓名：　　　学号：

<table>
<tr><td colspan="2">实训题目</td><td colspan="3">用切线支距法测设带有缓和曲线段的平曲线</td><td>成绩</td><td></td></tr>
<tr><td colspan="2">实训目的</td><td colspan="5"></td></tr>
<tr><td colspan="2">主要仪器及工具</td><td colspan="5"></td></tr>
<tr><td colspan="2">交点号</td><td colspan="2"></td><td>交点桩号</td><td colspan="2"></td></tr>
<tr><td rowspan="5">转角观测结果</td><td>盘位</td><td>目标</td><td>水平度盘读数</td><td>半测回右角值</td><td>右角</td><td>转角</td></tr>
<tr><td rowspan="2">盘左</td><td></td><td></td><td rowspan="2"></td><td rowspan="4"></td><td rowspan="4"></td></tr>
<tr><td></td><td></td></tr>
<tr><td rowspan="2">盘右</td><td></td><td></td><td rowspan="2"></td></tr>
<tr><td></td><td></td></tr>
<tr><td>曲线元素</td><td colspan="6">$R =$　$L_S =$　$X_h =$　$Y_h =$　$\beta_0 =$
$P =$　$q =$　$T_d =$　$T_h =$　$L_h =$
$E_h =$　$D_h =$</td></tr>
<tr><td>主点桩号</td><td colspan="6">ZY 桩号：　HY 桩号：
QZ 桩号：
YH 桩号：　HZ 桩号：</td></tr>
</table>

<table>
<tr><td rowspan="13">各中桩的测设数据</td><td>测段</td><td>桩号</td><td>曲线长</td><td>x</td><td>y</td><td>备　注</td></tr>
<tr><td rowspan="6">ZH ~ HY</td><td></td><td></td><td></td><td></td><td rowspan="6"></td></tr>
<tr><td></td><td></td><td></td><td></td></tr>
<tr><td></td><td></td><td></td><td></td></tr>
<tr><td></td><td></td><td></td><td></td></tr>
<tr><td></td><td></td><td></td><td></td></tr>
<tr><td></td><td></td><td></td><td></td></tr>
<tr><td rowspan="6">HY ~ QZ</td><td></td><td></td><td></td><td></td><td rowspan="6"></td></tr>
<tr><td></td><td></td><td></td><td></td></tr>
<tr><td></td><td></td><td></td><td></td></tr>
<tr><td></td><td></td><td></td><td></td></tr>
<tr><td></td><td></td><td></td><td></td></tr>
<tr><td></td><td></td><td></td><td></td></tr>
</table>

<table>
<tr><td rowspan="13">各中桩的测设数据</td><td>测段</td><td>桩号</td><td>曲线长</td><td>x</td><td>y</td><td>备 注</td></tr>
<tr><td rowspan="6">HZ ~ YH</td><td></td><td></td><td></td><td></td><td rowspan="6"></td></tr>
<tr><td></td><td></td><td></td><td></td></tr>
<tr><td></td><td></td><td></td><td></td></tr>
<tr><td></td><td></td><td></td><td></td></tr>
<tr><td></td><td></td><td></td><td></td></tr>
<tr><td></td><td></td><td></td><td></td></tr>
<tr><td rowspan="6">YH ~ QZ</td><td></td><td></td><td></td><td></td><td rowspan="6"></td></tr>
<tr><td></td><td></td><td></td><td></td></tr>
<tr><td></td><td></td><td></td><td></td></tr>
<tr><td></td><td></td><td></td><td></td></tr>
<tr><td></td><td></td><td></td><td></td></tr>
<tr><td></td><td></td><td></td><td></td></tr>
<tr><td>实训场地布置草图</td><td colspan="6"></td></tr>
<tr><td>实训总结</td><td colspan="6"></td></tr>
</table>

(Ⅱ) 用偏角法测设带有缓和曲线段的平曲线*

一、目的与要求

1.学会用偏角法测设带有缓和曲线段的平曲线。

2.学会计算曲线测设所需数据。

二、仪器与工具

1.由仪器室借领:经纬仪1台、钢尺或皮尺1卷、花杆3根、测钎2束、记录板1块、工具包1个、木桩若干、斧子1把、测伞1把。

2.自备:计算器、铅笔、小刀、计算用纸。

三、实训方法与步骤

1.主点测设

(1)选定 JD_1、JD_2、JD_3,使路线转角为35°左右,相邻交点间距不小于80m。

(2)在 JD_2 安置经纬仪,设置分角线方向。

(3)曲线主点测设。

①自 JD_2 沿 $JD_2 \rightarrow JD_1$ 方向量切线长 T_h 得 ZH 点。

②自 JD_2 沿分角线方向量外距 E_h 得 QZ 点。

③自 JD_2 沿 $JD_2 \rightarrow JD_3$ 方向量切线长 T_h 得 HZ 点。

④自 ZH 沿切线向 JD_2 量 x_h 得 HY 点对应的垂足位置,在该垂足位置用十字方向架定出垂线方向并沿垂线方向量 y_h 即得 HY 点。

⑤由 HZ 沿切线向 JD_2 量 x_h 得 YH 点对应的垂足位置,在该垂足位置用十字方向架定出垂线方向,并沿垂线方向量 y_h 即得 YH 点。

2.详细测设

1)测设 ZH～HY 段:

(1)在 ZH 点安置经纬仪,以 $ZH \rightarrow JD_2$ 方向为起始方向,将该方向的水平度盘读数设置为00°00′00″。如图14-4所示。

(2)拨 P_1 对应的偏角 Δ_1,即转动照准部找到 P_1 对应的水平度盘读数 Δ_1 或 $360° - \Delta_1$,得 $ZH \rightarrow P_1$ 方向,自 ZH 沿此方向量 $ZH \rightarrow P_1$ 对应的弦长得 P_1 桩位,钉木桩或用测钎标记。

(3)转动照准部找到 P_2 对应的水平度盘读数 Δ_2 或 $360 - \Delta_2$,得 $ZH \rightarrow P_2$ 方向,自 P_1 点量 P_1P_2 对应的弦长与此方向交会得 P_2,钉木桩或用测钎标记。

(4)按(3)所述方法测设 ZH～HY 段其余各中桩。

(5)转动照准部找到 HY 对应的水平度盘读数 Δ_h 或 $360° - \Delta_h$,得 $ZH \rightarrow HY$ 方向,沿此方向量 c_h 即得 HY 点。

(6)丈量 HY 与前一中桩之间的弦长进行校核,若误差超限,则应重测 ZH～HY 段。

2)测设 HZ ~ YH 段:

方法与测设 ZH ~ HY 段类同(在 HZ 点安置经纬仪,将 HZ→JD_2 方向的水平度盘读数设置为 00°00′00″。P_n 方向的水平度盘读数应为 $360° - \Delta_n$。或 Δ_n。)。

3)测设 HY ~ YH 段:

(1)在 HY 点安置经纬仪,以 HY ~ ZH 方向为起始方向,将该方向的水平度盘读数设置为 $180° - \frac{2}{3}\beta_0$ 或 $180° + \frac{2}{3}\beta_0$,此时,水平度盘读数为 00°00′00″的方向即为 HY 点的切线方向,如图 14-5 所示。

(2)拨 P_1 对应的偏角 Δ_1,即转动照准部找到 P_1 对应的水平度盘读数 $360° - \Delta_1$ 或 Δ_1。得 HY→P_1 方向,自 HY 沿此方向量 HY→P_1 对应的弦长得 P_1,钉木桩或用测钎标记。

(3)转动照准部找到 P_2 对应的水平度盘读数 Δ_2 或 $360° - \Delta_2$,得 HY→P_2 方向,自 P_1 点量 P_1P_2 对应的弦长与此方向交会得 P_2,钉木桩或用测钎标记。

(4)按(3)所述方法测设 HY ~ QZ 段其余各桩并测出 QZ,与用主点测设方法测出的 QZ 位置比较,若误差超限,应重测 HY ~ QZ 段。

(5)继续按(3)所述方法测设至 YH 点,并与已测出的 YH 位置比较,若误差超限,应重测 QZ ~ YH 段。

3.校核

目测所测平曲线是否顺适,并丈量弦长进行校核。

4.绘制测设曲线草图。

四、实　　例

已知:JD_2 的里程桩号为 K0 + 986.38,转角 $\alpha_{右} = 35°30'$,曲线半径 $R = 100$m,缓和曲线长 $L_S = 35$m(也可根据实训场地的具体情况改用其它数据),要求桩距为 10m,用偏角法详细测设此曲线(将计算结果填入实训报告中)。

五、注意事项

1.计算测设数据时要细心。曲线元素经复核无误后才可计算主点桩号,主点桩号经复核无误后才可计算各桩的测设数据,各桩的测设数据经复核无误后才可进行测设。

2.曲线加桩的测设是在主点桩测设的基础上进行的,因此测设主点桩时要十分细心。

3.在丈量切线长、外距、弦长时,尺身要水平。

4.设置起始方向的水平度盘读数要细心。

5.平曲线的闭合差一般不得超过以下规定:

半径方向:±0.1m;切线方向:±(L/1000),L 为曲线长。

6.当时间较紧时,应在实训前计算好测设曲线所需的数据,不能在实训中边算边测,以防时间不够或出错。

六、上交资料

每人上交实训报告一份。

上交实训报告，请学生沿此线撕下

实训十四(Ⅱ)

实训报告

日期： 班级： 组别： 姓名： 学号：

实训题目	用偏角法测设带有缓和曲线段的平曲线	成绩	
实训目的			
主要仪器及工具			
交点号		交点桩号	

转角观测结果	盘位	目标	水平度盘读数	半测回右角值	右角	转角
	盘左					
	盘右					

曲线元素					
	$R=$	$L_S=$	$\beta_0=$	$P=$	$q=$
	$T_d=$	$T_h=$	$L_h=$	$E_h=$	$D_h=$

主点桩号		
	ZY 桩号：	HY 桩号：
	QZ 桩号：	
	YH 桩号：	HZ 桩号：

各中桩的测设数据	测段	桩号	曲线长	偏角	水平度盘读数	弦长	备注
	ZH～HY						测站点：ZH 起始方向：ZH→JD 起始方向的水平度盘读数：0°00′00″
	HZ～YH						测站点：HZ 起始方向：HZ→JD 起始方向的水平度盘读数：0°00′00″

	测段	桩号	曲线长	偏角	水平度盘读数	弦长	备　注
各中桩的测设数据	ZH ~ HY						测站点:HY 起始方向:HY→ZH 起始方向的水平度盘读数:180° − $\frac{2}{3}\beta_0$
实训场地布置草图							
实训总结							

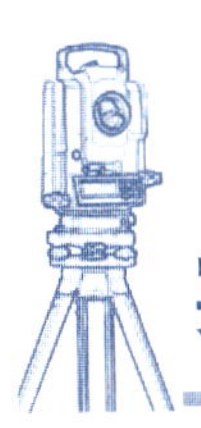

实训十五　中平测量

（用水准仪进行中平测量）

一、目的与要求

1. 熟悉中平测量的方法。
2. 学会中平测量的记录及成果计算。

二、仪器与工具

1. 由仪器室借领：水准仪 1 台、水准尺 2 根、尺垫 2 个、记录板 1 块、工具包 1 个、测伞 1 把、钢尺 1 卷、测钎若干、花杆 3 根、木桩若干。
2. 自备：计算器、铅笔、小刀、计算用纸。

三、实训方法与步骤

1. 选择长约 500m 的起伏路段，在路段起终点附近分别选定一个水准点 BM_1、BM_2，假定水准点 BM_1 的高程，用基平测量的方法测定两水准点间的高差并计算 BM_2 的高程（此项工作可利用相关实训的成果或在实训前由教师组织部分学生进行）。

2. 按 20m 的桩距设置中桩，在桩位处钉木桩或插测钎，并标注桩号（若时间较紧，此项工作也可在实训前由教师组织部分学生进行）。

3. 在测段始点附近的水准点 BM_1 上竖立水准尺，统筹考虑整个测设过程，选定前视转点 ZD_1 并竖立水准尺。

4. 图 15-1，在距 BM_1、ZD_1 大致等远的地方安置水准仪，先读取后视点 BM_1 上水准尺的读数并记入后视栏；再读取前视点 ZD_1 上水准尺的读数，将此读数暂记入备注栏中适当的位置以防忘记；依次在本站各中桩处的地面上竖立水准尺并读取读数（可读至 cm），将各读数记入中视栏；最后记录前视点 ZD_1 并将 ZD_1 的读数记入前视栏。

5. 选定 ZD_2 并竖立水准尺，在距 ZD_1、ZD_2 大致等远的地方安置水准仪，先读取后视点 ZD_1 上水准尺的读数并记入后视栏；再读取前视点 ZD_2 上水准尺的读数，将此读数暂记入备注栏中适当的位置以防忘记；依次在本站各中桩处的地面上竖立水准尺并读取读数（一般可读至 cm），将各读数记入中视栏；最后记录前视点 ZD_2 并将 ZD_2 的读数记入前视栏。

6. 用上法观测所有中桩并测至路段终点附近的水准点 BM_2。

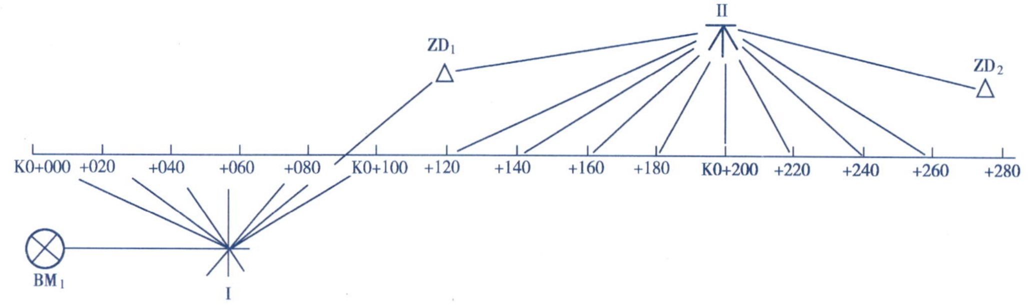

图 15-1

7.计算中平测量测出的两水准点间的高差,并与两水准点间的已知高差进行符合,看是否满足精度要求:$h_{中}$ = ∑后视读数 - ∑前视读数

8.计算各中桩的地面高程。

视线高程 = 后视点高程 + 后视读数

前视点高程 = 视线高程 - 前视读数

中桩地面高程 = 视线高程 - 中视读数

四、注意事项

1.在各中桩处立尺时,水准尺不能放在桩顶,而应紧靠木桩放在地面上。

2.转点应选在坚实、凸起的地点或稳固的桩顶,当选在一般的地面上时应置尺垫。

3.前后视读数须读至 mm,中视读数一般可读至 cm。

4.转点和测站点的选择要统筹考虑,不能顾此失彼。

5.视线长一般不宜大于 100m。

6.中平与基平符合时,容许闭合差 $f_{h容} = \pm 50\sqrt{L}$(mm),L 为两水准点间的水准路线长度(以 km 为单位)。

五、上交资料

1.每人上交中平测量记录表一份。

2.每人上交实训报告一份。

上交实训报告，请学生沿此线撕下

实训十五　中平测量记录表

日期：　　　　班级：　　　　组别：　　　　姓名：　　　　学号：

测点	水准尺读数(m)			视线高程(m)	高程(m)	备　注
	后视	中视	前视			
$\sum$						
校核	$h_{中}=\sum_a-\sum_b=$ $\Delta_{容}=\pm 50\sqrt{L}$mm			$h_{基}=H_{BM_2}-H_{BM_1}=$ $\Delta=h_{中}-h_{基}=$		

上交实训报告，请学生沿此线撕下

实训十五

实训报告

日期：　　　　班级：　　　　组别：　　　　姓名：　　　　学号：

实训题目	**中平测量**	成绩	
实训目的			
主要仪器及工具			
实训场地布置草图			
实训主要步骤			
实训总结			

实训十六　全站仪的基本操作与使用*

一、目的与要求

1.学会全站仪的基本操作和常规设置。

2.掌握一种型号的全站仪测距、测角、坐标测量功能。

二、仪器与工具

1.由仪器室借领:全站仪1台、棱镜2块、对中杆1个、木桩4个、斧子1把、记录板1块。

2.自备:计算器、铅笔、小刀、计算用纸。

三、实训方法与步骤

在指导教师的安排下,每组领取一台全站仪,按下列步骤进行实训:

1.测前的准备工作

1)安置仪器

将全站仪连接到三脚架上,对中并整平。多数全站仪有双轴补偿功能,所以仪器整平后,在观测过程中,既使气泡稍有偏离,对观测也无影响。

2)开机

按POWER或ON键,开机后仪器进行自检,自检结束后进入测量状态。有的全站仪自检结束后须设置水平度盘与竖盘指标,设置水平度盘指标的方法是旋转照准部,听到鸣响即设置完成;设置竖盘指标的方法是纵转望远镜,听到鸣响即设置完成。设置完成后显示窗才能显示水平度盘与竖直度盘的读数。

2.全站仪的基本操作与使用方法

1)水平角测量

(1)按角度测量键,使全站仪处于角度测量模式,照准第一个目标 A。

(2)设置 A 方向的水平度盘读数为 $0°00'00''$。

(3)照准第二个目标 B,此时显示的水平度盘读数即为两方向间的水平夹角。

2)距离测量

(1)设置棱镜常数

测距前须将棱镜常数输入仪器中,仪器会自动对所测距离进行改正。

(2)设置大气改正值或气温、气压值

光在大气中的传播速度会随大气的温度和气压而变化,15℃和760mmHg是仪器设置的一个标准值,此时的大气改正为0ppm。实测时,可输入温度和气压值,全站仪会自动计算大气改正值(也可直接输入大气改正值),并对测距结果进行改正。

(3)量仪器高、棱镜高并输入全站仪。

(4)距离测量

照准目标棱镜中心,按测距键,距离测量开始,测距完成时显示斜距、平距、高差。

全站仪的测距模式有精测模式、跟踪模式、粗测模式三种。精测模式是最常用的测距模式,测量时间约2.5s,最小显示单位1mm;跟踪模式,常用于跟踪移动目标或放样时连续测距,最小显示一般为1cm,每次测距时间约0.3s;粗测模式,测量时间约0.7s,最小显示单位1cm或1mm。在距离测量或坐标测量时,可按测距模式(MODE)键选择不同的测距模式。应注意,有些型号的全站仪在距离测量时不能设定仪器高和棱镜高,显示的高差值是全站仪横轴中心与棱镜中心的高差。

3.坐标测量

(1)设定测站点的三维坐标。

(2)设定后视点的坐标或设定后视方向的水平度盘读数为其方位角。当设定后视点的坐标时,全站仪会自动计算后视方向的方位角,并设定后视方向的水平度盘读数为其方位角。

(3)设置棱镜常数。

(4)设置大气改正值或气温、气压值。

(5)量仪器高、棱镜高并输入全站仪。

(6)照准目标棱镜,按坐标测量键,全站仪开始测距并计算显示测点的三维坐标。

四、注 意 事 项

1.全站仪在使用的过程中,禁止将望远镜照准太阳强光,防止损坏仪器。

2.全站仪在使用前应仔细检查仪器的各项参数的设置,防止测量结果出现错误。

五、上 交 资 料

1.每人上交全站仪观测记录表一份。

2.每人上交实训报告一份。

实训十六

全站仪观测记录表

日期：　　　　班级：　　　　组别：　　　　姓名：　　　　学号：

仪器型号：　　　　仪器高(m)：　　　　棱镜高(m)：

测站点：$x=$　　　　$y=$　　　　$H_0=$

觇点	水平方向值 (° ′ ″)	水平角 (° ′ ″)	距离 (m)	坐标(m)	
				x	y
(定向点)		—	—	—	—

上交实训报告，请学生沿此线撕下

上交实训报告，请学生沿此线撕下

实训十六

实 训 报 告

日期： 班级： 组别： 姓名： 学号：

实训题目	全站仪的基本操作与使用	成绩	
实训目的			
主要仪器及工具			
实训场地布置草图			
实训主要步骤			
实训总结			

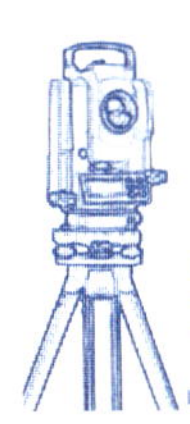

实训十七　用极坐标法放样平面点位*

一、目的与要求

1.掌握用经纬仪、钢尺按极坐标法放样平面点位的过程

2.熟悉用全站仪按坐标放样平面点位的施测过程

二、仪器与工具

1.由仪器室借领：DJ_6 经纬仪 1 台、50m 钢尺 1 把、全站仪 1 台、对中杆一个、斧子一把、木桩若干。

2.自备：计算器、铅笔、小刀、计算用纸。

三、实训方法与步骤

(一)用经纬仪、钢尺放样点位(图 17-1)

1.在实训场地事先布设一定数量的控制点(保证每小组有一个控制点)

2.各组选择一个控制点和定向点(假如为 A、B)

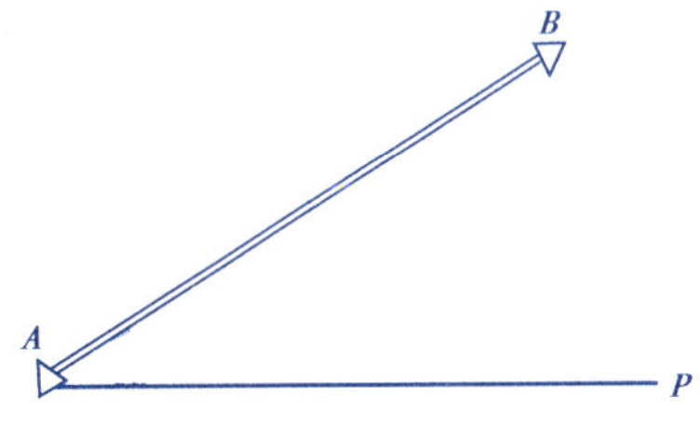

图　17-1

3.各小组拟定一放样点 $P(x,y)$，该点与测站点距离最好不超过 50m。

4.反算 AB、AP 边坐标方位角 α_{AB}，α_{AP}及 D_{AP}

5.计算放样角度 $\beta=\arctan\dfrac{y_P-y_A}{x_P-x_A}-\arctan\dfrac{y_B-y_A}{x_B-x_A}$

6.计算放样距离 $D_{AP}=\sqrt{(y_P-y_A)^2+(x_P-x_A)^2}$

7.将经纬仪架设在 A 点，瞄准定向点 B，将水平度盘调到 0°00′00″，若 β 大于 0°正拨水平角度 β，得到 AP 方向，反之反拨角 β 值(逆时针)在此方向上量取水平距离 D_{AP}即可得到 P

点点位。

(二)用全站仪按坐标放样

在选择全站仪的坐标放样功能以后,该程序操作的前五步与坐标测量相同,其后续步骤如下:

(6)输入放样点坐标。

(7)进入放样准备状态,转动全站仪的照准部使 dHA 变为 0°00′00″,然后沿此方向立对中杆,使棱镜的中心正对仪器,按一下测距键,根据仪器显示的距离差值 dHD,沿此方向前后移动对中杆使 dHD 变为零。该点的所在的位置即为待放样点的点位。

四、注意事项

1.在用经纬仪与钢尺放样时,应注意经纬仪的视准差 *C* 值的大小,如精确放样应采用正倒镜分中法给出方向,而水平距离应考虑三项改正即换算成放样距离。

2.全站仪放样点位时,有的全站仪可以事先将点的坐标置于仪器内存中,但在调出这些数据时一定要认真检查,放样完后可以按坐标测量的方法进行检测。

五、上交资料

1.每人上交用极坐标法放样平面点位记录表一份。

2.每人上交实训报告一份。

实训十七　用极坐标法放样平面点位记录

日期：　　　　班级：　　　　组别：　　　　姓名：　　　　学号：

点号	方位角 (°　′　″)	放样角度 (°　′　″)	放样距离 (m)	坐标(m)	
				x	y

上交实训报告，请学生沿此线撕下

实训十七

实 训 报 告

日期：　　　　班级：　　　　组别：　　　　姓名：　　　　学号：

实训题目	用极坐标法放样平面点位	成绩	
实训目的			
主要仪器及工具			
实训场地布置草图			
实训主要步骤			
计算过程			
实训总结			

上交实训报告，请学生沿此线撕下

第二部分 工程测量综合实训指导

DIERBUFEN

工程测量是道路与桥梁工程技术专业、工程监理专业等交通土建类的一门重要的专业基础课。测量工作贯穿在公路与桥梁建设的规划、设计、施工和管理各个阶段，是公路与桥梁建设中不可缺少的环节。高职院校要求培养应用型人才，对学生强调实际运用和操作技能的训练，因此，在学完工程测量的基本理论之后，应安排测量综合实训。通过实训，使学生系统复习、巩固、加深、扩大测量的基本知识，培养学生运用理论知识的能力，掌握各种测量仪器的实际操作技能，为学习专业课及毕业后完成工作任务奠定可靠基础。

一、实训要求及注意事项

（一）注意事项

1.明确实训内容和任务，认真作好各项准备；

2.遵守实训纪律，不无故缺勤，缺勤三分之一实训时间者，以实训成绩不及格处理；

3.遵守操作规程，有问题要及时向指导老师请教；

4.记录、计算应遵守以下规则：

（1）要随测随记，观测者报完数后，记录者要立即回报，再记入规定的表格，并完成表格中的各项计算；

（2）记录要清晰，字迹工整不了草，记录不能涂改，万一要改，应先用单线划去错误的，在上方写出正确数据，严禁涂改数据和伪造成果；

（3）记录要准确，要记出观测时能读出的位数；

（4）表格内各项，要记录、计算齐全，观测者、记录者均要签名，并对成果负责。

5.仪器产生故障，要向老师报告，绝对不能自行处理。仪器作检验、校正时，必须在老师指导下进行；

6.实训开始后，要在仪器室借用所需仪器和工具，首先要查点数目，检查仪器各部件是否合适，若合乎要求，使用者应向仪器室写借条，方可取走。实训结束后，要将所借仪器、工具如数归还，如有遗失或损坏，应遵照学校规定赔偿；

7.组长应负责好本组的各项实训工作，每个学生要发挥主动性和积极性；

8.遵守纪律，在野外实训要爱护庄稼；

9.在实训中必须注意人身安全。

（二）爱护仪器和工具

测量仪器精密贵重，是完成好测量实训任务的保证，如有遗失或损坏，将给工作带来很大影响，对国家财产造成不应有的损失，所以爱护仪器是我们的职责，每个学生应养成爱护仪器的良好习惯。为此，应注意以下几点：

1.仪器箱要小心轻放，打开箱后应先注意仪器在箱内的位置，然后用双手握住基座（不准抓物镜、目镜、水准管等部位）取出仪器，放松各制动螺旋；

2.三角架应安稳，然后将取出的仪器装在上面。安装仪器时，要用右手扶住仪器，左手拧紧中心连接螺旋。严禁未拧紧中心连接螺旋就使用仪器，以免仪器从架上跌落下来而损坏；

3.仪器从箱中取出后，应立即盖好箱盖，并妥善放好，迁站时要带走仪器箱。严禁以仪器箱当凳子坐；

4.转动仪器时应先松动制动螺旋，不能用力过猛扭转仪器，使轴承损坏。使用制动螺旋时，要有适中感，使用微动螺旋时，要用他们的中间部位，不能旋到极端位置，以免失灵；

5.观测时，要用双手扶仪器轻轻转动，先想好转动方向；再动手，做到胆大心细；

6.操作时，手不要压在脚架上，以免仪器变位影响观测精度；

7.仪器架设在测站上，必须有人照管，任何时候，仪器旁边必须有人，绝对不允许将仪器靠在墙上或树枝上等地方；

8.物镜、目镜等光学玻璃部分，不能用手或其它东西随便擦拭；

9.观测时要打伞，以免仪器受阳光暴晒或雨淋而损坏，若仪器上有水点，则应晾干后再装箱；

10.仪器搬迁时，若距离远，应将仪器装入箱内再搬，若距离近，可将仪器连同脚架夹在右肋下左手托住基座抱着前进，不准扛在肩上；

11.观测完后，用毛刷除去外壳灰尘，各种螺旋转至适中位置（脚螺旋、微动螺旋等），松动制动螺旋，将仪器按原位置装入箱内，再适当拧紧制动螺旋；

12.收三角架，应先将伸出的腿收缩起来，除去铁脚上的泥土，再扎起来；

13.使用钢尺量距时，尺子不能扭曲，不能让人脚踏或车辆压过，移动钢尺，尺身不能拖地。用完以后擦拭干净，涂上凡士林或黄油，然后卷入盒中；

14.标杆插地时，不要用力过猛，以免折断，不能用标杆抬仪器或挑东西以及当棍棒玩耍等；

15.水准尺不能随地乱放，不能靠在墙上或树枝上无人照管，以免跌坏，更不能用标尺当凳子坐；

16.插测钎不要用力过猛，以免扭曲。不能乱放而遗失；

17.仪器箱要放平，同时应放在通风干燥的地方，保持清洁；

18.各组借领仪器后，要分工由专人保管，以免丢失。

19.测量实训有以外业工作为主、以作业小组为单位去完成各项测量任务的特点，实训中要求学生热爱集体，吃苦耐劳，严格执行规范要求，对工作认真负责，实事求是，爱护仪器和工具，建立良好的职业道德。

二、实训内容与指导

测量综合实训按实训重点不同分为以下两种实训方案，各院校可根据本校教学实际选用其中一种方案进行实训。

方 案 一

（重点：加强控制测量中经纬仪、钢尺、导线和中线测量实训）

一、实训目的与任务

1.通过本实训使学生熟练掌握各种基本测量仪器的实际操作技能；

2.掌握小区域控制测量：

1)掌握用导线（经纬仪钢尺导线）测量方法建立公路路线测区的平面控制；

2)掌握用普通水准测量的方法建立测区的高程控制（基平测量）。

3.通过实训使学生掌握公路中线测量基本方法；掌握公路路线的转角测量、起终边磁方位角测量、中线里程桩的测设、曲线测设等测量方法和基本技能；

4.使学生掌握路线的纵、横断面的测量方法以及纵、横断面图的绘制；

5.通过实训使学生掌握公路路线大比例尺带状地形图的测绘。

二、时 间 安 排

综合实训共计四周，具体安排见下表：

序　号	内　　容	天　　数
1	准备（包括分组人员组织领仪器及场地布置等）	1
2	经纬仪钢尺导线测量	3
3	中线测量	3
4	基平、中平测量	3
5	路线横断面测量	2
6	路线带状地形图测绘	3
7	计算及资料整理	1
8	仪器实际操作考核	2
9	实训上交资料整理及总结	1
10	机动	1
11	合计	20

三、仪器配备

以作业小组为单位应借领的仪器和工具见下表所列：

序号	实训内容	仪器		工具	
		名称	数量	名称	数量
1	平面控制（导线测量）	JD_2 或 JD_6 经纬仪	1台	50m钢尺 标杆 测钎 木桩 铁钉 记录表	1把 3根 若干 若干 若干 若干本
2	基平、中平测量	DS_3 水准仪	1台	水准尺 尺垫 记录表	1对 1对 若干本
3	路线带状地形图测绘	经纬仪（与平面控制共用）		丁字尺 图纸 标杆 比例尺 地形图图示 量角器 记录表	1根 1张 2根 1根 1本 1个 若干本
4	中线测量	经纬仪（与平面控制共用）		标杆 木桩 红油漆 桩号笔 铁钉 皮尺 方向架 测钎 计算表格	3根 若干 1桶 4只 若干 1卷 1个 1环 若干
5	横断面测量			皮尺、标杆 方向架 测钎、记录表	1卷、3根 1个 1环、若干

注：①各种记录表的格式各校可自定。

②绘制纵、横断面的厘米纸每位学生自备。

③计算器、铅笔、小刀等学生自备。

四、实训指导

I 导线测量

测绘大比例尺地形图，就必须建立测图控制网作为测图的依据。对于公路工程，由于设计是在1:2000带状地形图上进行的，因此测图控制通常是采用导线形式并沿路线方向布设。

(一)导线布设

先由教师统一划分测区后,选视野开阔处,目估测区大小,草拟导线布设位置,然后详细踏勘,对所测范围内地形有一个全面了解,选定导线点位置。导线总长大约为2km左右。

(二)选点要求

1.导线宜采用闭合导线形式(即以闭合导线模拟代替附合导线),导线各边长度大致相等。

2.相邻导线点之间要通视良好,以便于丈量边长;

3.导线点位要选在土质坚实、稳定处,也可选在巨大岩石上,以便于标志保存和安置仪器;

4.导线点应选在地势较高,视野开阔的地方,以便于碎部测量、加密、中线测量以及施工放样;

5.所选的导线点,必须满足观测视线超越(或旁离)障碍物1.3m以上;

6.路线平面控制点的位置应沿路线布设,距路中心的位置宜大于50m且小于300m,同时应便于测角,测距、及地形测量和定线放样等。

(三)点位选定后,应在每一个点位上打木桩,在桩顶钉上铁钉,易丢失区域应设指示桩,并绘出控制点固定草图。

(四)导线边长丈量

1.采用钢尺按往返丈量一个测回,相对误差要按小于1/2000的要求进行边长丈量,取往返丈量的平均值作为该段的边长。

2.边长丈量的其他要求及方法见教材中的相关内容。

(五)观测水平角

1.测量前要注意仪器检校。

2.起始边磁方位角用罗盘仪测正反方位角,较差$\leqslant \pm 1°$时,取平均值使用。

3.导线的角度观测(观测闭合导线内角),可用DJ_2或DJ_6型经纬仪按测回法进行观测。每站观测一测回,上、下半测回较差应小于40″,取平均值使用。其它测量精度应满足相关技术要求。

4.用经纬仪测角时,要尽量照准花杆底部或木桩上的铁钉。

(六)导线测量精度要求

1.角度测量精度要求(半测回差)　　　$\pm 40''$

2.距离丈量精度要求　　　1/2000

3.导线闭合差精度要求

1)角度闭合差　　　$\pm 40\sqrt{n}''$

n在闭合导线中代表内角个数,在附合导线中代表测站数。

2)导线全长相对闭合差　　　1/2000

(七)内业计算

1.内业计算要严肃认真,首先应仔细检查所有外业记录和计算是否正确,各项误差是否在允许范围之内,以保证原始数据的正确性。

2.具体计算方法和过程参考教材中相关内容。

3.内业计算成果要整理好,同实训报告一同交指导教师。

Ⅱ 路线测量

具体测量内容如下：

(一)中线测量

以导线点为交点，自定曲线半径 R 和缓和段长度 L_s，根据导线所测角度计算偏角值，由半径 R、缓和段长度 L_s 和偏角计算曲线测设元素。路线的中桩按整桩号法设桩。平曲线测设可用切线支距法或偏角法进行，具体测设计算方法参考教材中相关内容。

中线测量要求：

(1)直线上整桩距 20m

(2)曲线上整桩距 10m

(3)回头曲线上整桩距 5m

(二)基平、中平测量

1.测量前应检校水准仪。

2.用一台水准仪进行普通水准测量，采用变换仪器高法进行一测站观测，两次高差之差应小于 5mm，沿中线方向每隔 0.5～1km 设置一个水准点，两个水准点间应往返观测，其闭合差应符合下列要求：

$$f_{h容} = \pm 30\sqrt{L}\text{mm} \text{ 或 } f_{h容} = \pm 9\sqrt{n}\text{mm}$$

式中：L——水准路线长度，以 km 为单位，适用于平地；

n——测站数，适用于山地。

在限差内取高差中数作为正确值，由假定的起始点高程推算各水准点高程。作为中平测量的依据。

3.水准测量记录按普通水准测量格式，记录时要注意复核。

4.中平符合基平精度：

$$f_{h容} = \pm 50\sqrt{L}\text{mm}$$

式中：L——水准路线长度，以 km 为单位。

测量方法采用视线高法。测定中线各桩地面高程，据其高程绘制路线纵断面图。具体测量计算方法请参考教材中相关内容。

(三)横断面测量

用方向架定出横断面方向，采用花杆法或其他方法现场绘制 1:200 横断面图。绘横断面宽度 30m，具体测量计算方法请参考教材中相关内容。

(四)带状地形测量

1.图纸的准备

地形图使用的图纸，必须坚韧、伸缩性小、不渗水。为减小变形，可将图纸裱糊在不变形的图板上(也可使用目前我国广泛采用的聚脂薄膜)。为了测绘、保管和使用上的方便，地形图使用的图纸图幅尺寸一般采用 50cm×50cm、40cm×40cm、40cm×50cm。

测图前要把准备工作做好，用精确直尺或坐标格网尺绘制 10×10cm 直角坐标格网。

2.展绘控制点

根据测区的大小、范围以及控制点的坐标和测图比例尺，对测区进行分幅，再依据控制点的坐标值展绘图根控制点。控制点展绘结束后，应进行精度检查，即用比例尺在图纸上量取相邻控制点之间的距离，然后和已知的距离比较，其最大误差在图纸上不应超过0.3mm，否则，控制点应重新展绘。直到满足要求为止。

3.地形测量

根据展绘的控制点或中桩组记录，测绘导线两侧带状地形图，比例尺可取1:500～1:2000。（公路中线也可用经纬仪测绘法根据中桩组记录先进行绘制，再利用中线上的百米桩、公里桩等作为控制桩再进行公路带状地形图的测绘）

4.地形测量精度要求

1)坐标格网绘制精度要求等详见教材。

2)视距测量：地形点间在图上的最大距离不应超过3cm；各种比例尺的地形点间距以及最大视距长度如下表：

测图 比例尺	地面上地形点间 的距离(m)	最大视距(m)		高程注记 (m)
		重要地物	次要地物和地形点	
1:500	15	60	100	0.01或0.10
1:1000	30	100	150	0.10
1:2000	60	180	200	0.10

3)实训中采用地形图比例尺可取1:500～1:2000，基本等高距为1m。

Ⅲ 应交资料

(一)以作业小组为单位应上交资料

1.地形测量和路线测量的全部外业观测成果；具体包括测角、量距、水准测量等外业记录表格，导线测量计算表(应有草图)，高程计算表。

2.整饰好的路线带状地形图一份。

3.路线纵、横断面图各一份。

(二)每个学生上交实训报告一份

1. 实训目的和任务；

2. 实训内容；

3. 实训收获、心得、体会；

4. 对教学的意见和建议等。

五、仪器操作考核与成绩评定

(一)测量仪器操作考核办法

根据《工程测量工实践技能要求》制定“实践技能项目和考核标准”及“工程测量教学实训成绩评定方法”，均采用百分制计个人成绩。测量仪器操作考核包含下列两项内容：

1.用经纬仪观测某水平角1个测回，要求半测回角值互差小于40″。

水平角观测评分标准：

(1)基础分(30分)：

能够正确操作经纬仪，会对中与整平(10分)。

会正确配置水平度盘(10分)。

记录整洁、计算正确(10分)。

(2)严格按测回法的观测程序作业，作业时间要求：

$t \leqslant 10\text{min}$　　70分

$10\text{min} < t \leqslant 13\text{min}$　　60分

$13\text{min} < t \leqslant 18\text{min}$　　50分

$18\text{min} < t \leqslant 25\text{min}$　　30分

超过25min　　0分

如角差超限，可继续观测，时间按累计计算，否则本项按0分计算。

2.用DS_3水准仪完成一等外闭合水准路线观测。要求路线总长度150m左右，分3站观测采用塔尺变换仪器高法观测。闭合差按$12\sqrt{n}$mm考虑。

水准测量评分标准：

(1)基础分(20分)：

能够正确操作水准仪，会粗平与精平(10分)。

记录整洁、计算正确(10分)。

(2)仪器操作规范，高差闭合差符合要求，作业时间要求：

$t \leqslant 20\text{min}$　　(80分)

$20\text{min} < t \leqslant 25\text{min}$　　(70分)

$25\text{min} < t \leqslant 30\text{min}$　　(60分)

$30\text{min} < t \leqslant 35\text{min}$　　(40分)

超过35min　　(0分)

如高差闭合差超限，可继续观测，时间按累计计算，否则本项按0分计。

(二)工程测量综合实训成绩评定方法

序号	评定项目	基　本　要　求	各项目占实训成绩的百分数
1	经纬仪技术操作	按考核标准执行	25%
2	水准仪技术操作	按考核标准执行	25%
3	上交实训资料	(1)内业资料完整； (2)外业观测成果符合技术要求。	30%
4	实训报告	(1)文理通顺，结论明确； (2)内容全面，字迹工整。	10%
5	平时表现	(1)爱护仪器和工具； (2)遵守实训纪律	10%
	外业观测记录	(1)观测前检查仪器； (2)记录整齐、干净并符合规定要求，估读准确，计算无误； (3)外业观测成果符合规定要求。	
	内业计算	(1)按时完成平差计算，计算正确无误； (2)字体工整，干净； (3)误差符合规定要求。	

方　案　二

（重点：加强控制测量中全站仪导线测量、数字地形测量及用极坐标法进行中线测设）

一、实训目的与任务

1.通过实训使学生熟练掌握全站仪及数字测图软件的实际操作技能；

2.掌握全站仪导线测量及光电测距三角高程测量：

1)掌握用全站仪导线测量的方法建立公路路线测区的平面控制；

2)掌握用光电测距三角高程测量的方法建立测区的高程控制（基平测量）及中平测量。

3.通过实训使学生掌握公路中线测量中极坐标法放样方法；

4.使学生掌握路线的纵、横断面的测量方法以及纵、横断面图的绘制；

5.了解路线大比例尺全站仪数字地形测图的基本方法：

二、时间安排

综合实训共计四周，具体安排见下表：

序　号	内　　容	天　　数
1	准备（包括分组人员组织领仪器及场地布置等）	1
2	平面及高程控制测量（全站仪导线测量、三角高程测量）	3
3	计算及资料整理	1
4	极坐标法进行中桩放样	4
5	用全站仪进行公路路线纵断面测量（中平测量）	2
6	公路路线横断面测量	2
7	带状地形图测绘	4
8	仪器实际操作考核（主要考核全站仪及数字地形图测绘）	2
9	实训上交资料整理及总结	1
10	合计	20

三、仪器配备

以作业小组为单位各阶段应借领的仪器和工具见下表所列：

序号	实训内容	仪器		工具	
		名称	数量	名称	数量
1	平面及高程控制测量	全站仪(全套)	1台	小钢卷尺 记录板 斧子 木桩 铁钉 记录表 测伞 记录表	1把 1块 1把 若干 若干 若干 1把 若干
2	中线测量	同上		木桩 红油漆 测钎 计算表格	若干 1桶 2根 若干
3	纵断面测量	同上		记录表	若干
4	横断面测量	同上		皮尺 标杆 方向架 记录表	1卷 3根 1个 若干
5	数字地形测图	同上 电子平板(笔记本电脑、软件及附件全套)	一套	记录表 钢卷尺	若干 1把

注:①各种记录表的格式各校可自定;
②绘制纵、横断面的厘米纸每位学生自备;
③计算器、铅笔、小刀等学生自备;
④全站仪(全套)是指包括全站仪主机、棱镜(棱镜头及棱镜杆)、三脚架、电池及充电器等能使仪器正常使用的所有配件;
⑤电子平板是指笔记本电脑、三角架及平板、软件及其配套分类编码表、数据传输线等能使全站仪与电子平板进行正常数字测图所需的所有配件。

四、实训指导

I 全站仪导线测量

导线布设及选点要求

(一)用全站仪进行导线边长、水平角、导线点坐标测量(精度要求同“方案一”)

假定导线起始点坐标及起始边坐标方位角,直接用全站仪观测各导线边的边长、水平角及导线点的坐标,作为成果处理时的观测值。

(二)用全站仪进行三角高程测量

1.三角高程测量宜用对向观测(为了消除地球曲率和大气折光对高差的影响),且宜在较短的时间内完成。

2.具体要求见教材有关内容。

3.高程测量精度要求

光电测距三角高程测量精度要求：

实训要求按照光电测距五等三角高程测量的精度和技术要求进行。具体要求如下：

视距长度不得大于　　1km；

垂直角不得大于　　15°；

测距边测回数　　1个测回

指标差较差　　≤10″

垂直角较差　　≤10″

对向观测高差较差　　$60\sqrt{D}$(mm)

附合或环线闭合差　　$30\sqrt{D}$(mm)

D以km为单位。

(三)内业计算

1. 内业计算要严肃认真，首先应仔细检查所有外业记录和计算是否正确，各项误差是否在允许范围之内，以保证原始数据的正确性。

2. 具体计算方法和过程参考本教材相关内容。

3. 内业计算成果要整理好，同实训报告一同交指导教师。

Ⅱ　路线测量

(一) 中线测设

根据导线的测量成果，以导线点为交点并选定圆曲线半径，先根据交点的坐标、切线的坐标方位角与切线长，采用导线坐标的计算方法，计算主点的坐标，并绘出草图。有条件时可以现场计算公路中线中桩坐标。

圆曲线的中桩计算比较简单，而带有缓和曲线段的平曲线，其测设坐标的计算则比较麻烦，现举例如下，见图18-1所示。

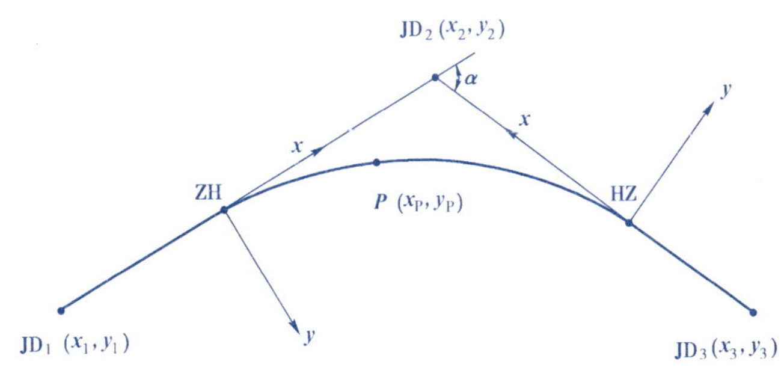

图　18-1

1.计算平曲线各中桩的坐标。

(1)已知JD_1、JD_2、JD_3它们的坐标，并选定圆曲线半径R和缓和曲线段长度L_s；

(2)确定交点的里程，并计算转角α。两交点之间的距离用坐标计算或用仪器直接测出。计算方法为前交点的里程等于后交点的里程加前后交点之间的距离减后交点的切曲差(超距)。

象限角：$$R_{12}=\arctan\left|\frac{y_2-y_1}{x_2-x_1}\right|=\arctan\left|\frac{\Delta y_{12}}{\Delta x_{12}}\right|$$

$$R_{23}=\arctan\left|\frac{y_3-y_2}{x_3-x_2}\right|=\arctan\left|\frac{\Delta y_{23}}{\Delta x_{23}}\right|$$

根据 Δx、Δy 的正负，把象限角 R_{12}、R_{23}换算成坐标方位角 α_{12}、α_{23}。

转角：$\alpha=\alpha_{23}-\alpha_{12}$

(3)计算曲线测设元素和主点里程：

内移值：

$$p=\frac{L_S^2}{24R}$$

切线角：$$\beta=\frac{L_S}{2R}\times\frac{180^\circ}{\pi}$$

切线增长值：$$q=\frac{L_S}{2}-\frac{L_S^3}{240R^2}$$

缓和曲线终点的直角坐标：$$x_h=L_S-\frac{L_S^3}{40R^2}$$

$$y_h=\frac{L_S^2}{6R}$$

切线长：$$T_h=(R+P)\tan\frac{\alpha}{2}+q$$

圆曲线长：$$L_y=R(\alpha-2\beta)\times\frac{\pi}{180^\circ}$$

曲线长：$$L_h=R(\alpha-2\beta)\times\frac{\pi}{180^\circ}+2L_S$$

切曲差：$$D_h=2T_h-L_h$$

根据交点里程和测设元素即可按下列顺序依次计算各主点里程，并作校核。

交点	JD	里程
	−)	T_h
直缓点	ZH	里程
	+)	L_S
缓圆点	HY	里程
	+)	L_y
圆缓点	YH	里程
	+)	L_S
缓直点	HZ	里程
	−)	$L_h/2$
曲中点	QZ	里程
	+)	$D_h/2$
交点	JD	里程(校核)

(4)计算中桩坐标：

先根据交点的坐标、切线的坐标方位角与切线长，采用导线坐标的计算方法，计算主点

ZH、HZ 的坐标，然后以 ZH（或 HZ）为坐标原点，以向 JD_2 的切线为 x' 轴，过原点的法线为 y' 轴，建立 $x'o'y'$ 坐标系，利用切线支距法的原理计算中桩 P 点在该坐标系中的坐标（x'，y'），再用坐标平移和旋转的方法把此坐标转换为路线坐标中的坐标值（x，y）。

计算主点坐标：

$$\begin{cases} x_{ZH} = x_2 + \Delta x_{JD2,ZH} = x_2 + T_h\cos(\alpha_{12} + 180°) \\ y_{ZH} = y_2 + \Delta y_{JD2,ZH} = y_2 + T_h\sin(\alpha_{12} + 180°) \end{cases}$$

$$\begin{cases} x_{HZ} = x_2 + \Delta x_{JD2,HZ} = x_2 + T_h\cos\alpha_{23} \\ y_{HZ} = y_2 + \Delta y_{JD2,HZ} = y_2 + T_h\sin\alpha_{23} \end{cases}$$

计算 P 桩在 $x'o'y'$ 坐标系中的坐标值（x'，y'）：

如 P 桩在缓和曲线段内：

$$x' = l - \frac{l^5}{40R^2L_S^2}$$

$$y' = \frac{l^3}{60RL_S}$$

如 P 桩在圆曲线段内：

$$x' = R\sin\left(\frac{l - L_S/2}{R} \times \frac{180°}{\pi}\right) + q$$

$$y' = R\left[1 - \cos\left(\frac{l - L_S/2}{R} \times \frac{180°}{\pi}\right)\right] + p$$

坐标转换：

前半个曲线：$\begin{cases} x = x_{ZH} + x'\cos\alpha_{12} - y'\sin\alpha_{12} \\ y = y_{ZH} + x'\sin\alpha_{12} + y'\cos\alpha_{12} \end{cases}$

后半个曲线：$\begin{cases} x = x_{HZ} + x'\cos(\alpha_{23} + 180°) - y'\sin(\alpha_{23} + 180°) \\ y = y_{HZ} + x'\sin(\alpha_{23} + 180°) + y'\cos(\alpha_{23} + 180°) \end{cases}$

式中 x' 的符号始终为正，y' 的符号有正有负，当 y' 值在 x' 轴的右边时，y' 值应取正，当 y' 在 x' 轴的左边时，y' 值应取负。

［例］ 某公路，JD_{11}、JD_{12}、JD_{13} 的坐标见下表，JD_{12} 的半径 $R = 600$m，缓和曲线长 $L_S = 150$m，计算各主点及中桩的坐标。

交点序号	桩号	x(m)	y(m)
JD_{11}	K15 + 508.38	40 485.200	111 275.000
JD_{12}	K16 + 383.79	40 728.000	110 516.000
JD_{13}	K16 + 862.65	40 591.000	110 045.000

解：

(1)求转角 α：

$$\gamma_{11-12} = \arctan\left|\frac{y_{12} - y_{11}}{x_{12} - x_{11}}\right| = \arctan\left|\frac{110516 - 111275}{40728 - 40485.2}\right|$$

$$= \arctan\left|\frac{-759}{243.8}\right| = 72°15'39''$$

$$\gamma_{12-13} = \arctan\left|\frac{y_{13} - y_{12}}{x_{13} - x_{12}}\right| = \arctan\left|\frac{110045 - 110516}{40591 - 40728}\right|$$

$$= \arctan\left|\frac{-471}{-137}\right| = 73°46'55''$$

根据 Δx、Δy 的正负可得：

$$\alpha_{11-12} = 360° - \gamma_{11-12} = 287°44'21''$$

转角

$$\alpha_{12-13} = 180° + \gamma_{12-13} = 253°46'55''$$

$$\alpha = \alpha_{12-13} - \alpha_{11-12} = -33°57'26''(\text{左转角})$$

(2)计算曲线要素、元素和主点里程：

$$P = \frac{L_S^2}{24R} = 1.569\text{m} \qquad q = \frac{L_S^2}{2} - \frac{L_S^3}{240R^2} = 74.96\text{m}$$

$$\beta = \frac{L_S}{2R} \times \frac{180°}{\pi}$$

$$x_h = L_S - \frac{L_S^3}{40R^2} = 149.766\text{m} \quad y_h = \frac{L_S^2}{6R} = 6.25\text{m}$$

$$T_h = (R + P)\tan\frac{\alpha}{2} + q = 258.634\text{m}$$

$$L_h = R(\alpha - 2\beta) \times \frac{\pi}{180°} + 2L_S = 505.601\text{m}$$

ZH 里程 = JD 里程 − T_h = K16 + 125.16

HY 里程 = ZH 里程 + L_s = K16 + 275.16

QZ 里程 = ZH 里程 + $L_h/2$ = K16 + 377.96

HZ 里程 = ZH 里程 + L_h = K16 + 630.76

YH 里程 = HZ 里程 − L_s = K16 + 480.76

(3)计算主点坐标：

$$x_{ZH} = x_{12} + \Delta x_{12,ZH} = x_{12} + T_h\cos(\alpha_{11-12} + 180°)$$
$$= 40728 + 258.634\cos(287°44'21'' + 180°)$$
$$= 40649.198\text{m}$$

$$y_{ZH} = y_{12} + T_h\sin(\alpha_{11-12} + 180°)$$
$$= 110516 + 258.634\sin(287°44'21'' + 180°)$$
$$= 110762.337\text{m}$$

$$x_{HZ} = x_{12} + T_h\cos\alpha_{12-13} = 40728 + 258.634\cos253°46'55''$$
$$= 40655.765\text{m}$$

$$y_{HZ} = x_{12} + T_h\sin\alpha_{12-13} = 110516 + 258.634\sin253°46'55''$$
$$= 110267.658\text{m}$$

$$x_{HY} = x_{ZH} + x_h\cos\alpha_{11-12} - y_h\sin\alpha_{11-12}$$
$$= 40649.198 + 149.766\cos287°44'21'' - (-6.25)\sin287°44'21''$$
$$= 40688.877\text{m}$$

$$y_{HY} = y_{ZH} + x_h\sin\alpha_{11-12} + y_h\cos\alpha_{11-12}$$
$$= 110617.788\text{m}$$

$$x_{YH} = x_{HZ} + x_h\cos(\alpha_{12-13} + 180°) - y_h\sin(\alpha_{12-13} + 180°)$$
$$= 40691.592\text{m}$$

$$y_{YH} = y_{HZ} + x_h\sin(\alpha_{12-13} + 180°) + y_h\cos(\alpha_{12-13} + 180°)$$
$$= 110413.210\text{m}$$

(4)计算中桩的坐标：

①中桩在缓和曲线段的坐标计算(K16 + 140)：

$$l = 140 - 125.16 = 14.84\text{m}$$

$$x' = l - \frac{l^5}{40R^2L_S^2} = 14.84 - \frac{14.84^5}{40 \times 600^2 \times 150^2} = 14.84\text{m}$$

$$y' = \frac{l^3}{6RL_S} = \frac{14.84^3}{6 \times 600 \times 150} = 0.006(\text{应取负值})$$

$$x_{K16+140} = x_{ZH} + x'\cos\alpha_{11-12} - y'\sin\alpha_{11-12}$$
$$= 40653.714\text{m}$$

$$y_{K16+140} = y_{ZH} + x'\sin\alpha_{11-12} + y'\cos\alpha_{11-12}$$
$$= 110748.201\text{m}$$

②中桩在圆曲线段的坐标计算(K16 + 300)：

$$l = 300 - 125.16 = 174.84\text{m}$$

$$x' = R\sin\left(\frac{l - L_S/2}{R} \times \frac{180°}{\pi}\right) + q = 174.341\text{m}$$

$$y' = R\left[1 - \cos\left(\frac{l - L_S/2}{R} \times \frac{180°}{\pi}\right)\right] + p = 9.857\text{m}(\text{应取负值})$$

$$x_{K16+300} = x_{ZH} + x'\cos\alpha_{11-12} - y'\sin\alpha_{11-12}$$
$$= 40692.927\text{m}$$

$$y_{K16+300} = y_{ZH} + x'\sin\alpha_{11-12} + y'\cos\alpha_{11-12}$$
$$= 110593.282\text{m}$$

桩　　号	x 坐标(m)	y 坐标(m)	桩　　号	x 坐标(m)	y 坐标(m)
ZHK16 + 125.16	40649.198	110762.337	+ 400	40698.906	110493.573
+ 140	40653.714	110748.201	+ 420	40698.104	110473.590
+ 160	40659.740	110729.126	+ 440	40696.636	110453.645
+ 180	40665.617	110710.009	+ 460	40694.504	110433.760
+ 200	40671.260	110690.822	+ 480	40691.711	110413.957
+ 220	40676.584	110671.544	HY K16 + 480.76	40691.592	110413.210
+ 240	40681.499	110652.157	+ 500	40688.276	110394.254
+ 260	40685.917	110632.652	+ 520	40684.268	110374.661
HY K16 + 275.16	40688.877	110617.788	+ 540	40679.778	110355.172
+ 280	40689.747	110613.023	+ 560	40674.895	110335.777
+ 300	40692.927	110593.282	+ 580	40669.708	110316.462
+ 320	40695.454	110573.439	+ 600	40664.303	110297.206
+ 340	40697.315	110553.527	+ 620	40658.767	110277.987
+ 360	40698.512	110533.564	HZK16 + 630.76	40655.765	110267.658
+ 380	40699.042	110513.572			

2. 测设中桩

将全站仪安置在地势比较高、视野比较开阔的已知坐标点上，后视另一已知坐标点（本实训测站可选用 JD_2，它的坐标为（x_2，y_2），后视点可选用 JD_1，坐标为（x_1，y_1））。输入中桩点坐标开始按坐标放样。

（二）全站仪中平测量

中平测量是将全站仪架设在高程已知的交点上进行的，通过三角高程测量的方法快速测定路线中桩高程并根据测定的中线各桩地面高程绘制路线纵断面图（有条件时可以用专业软件进行绘制）。

（三）横断面测量

用方向架定出横断面方向，采用花杆法或其他方法现场绘制 1:200 横断面图。或有条件时可以先进行表格记录用，而后用专业软件进行绘制。

（四）全站仪数字带状地形图测绘

1.仪器资料准备

数字测图法所需的生产设备为全站仪（或测距经纬仪）、电子手簿（或掌上电脑和笔记本电脑）、计算机和数字化测图软件。

收集高级控制点（导线点）成果资料，将其按照代码及（x，y，H）三维坐标或其他成果形式录入电子手簿或电脑。

2.数字测图方法

一般进行数字测图要经过以下几个过程：资料及测图准备→野外碎部点采集→数据传输→数据处理→图形编辑→检查验收

根据所使用设备的不同，内外业一体化数字测图方法有以下两种方法：

a)草图法：

草图法是在野外利用全站仪或电子手簿采集并记录外业数据或坐标，同时手工勾绘现场地物属性关系草图，返回室内后，下载记录数据到计算机内，将外业观测的碎部点坐标读入数字化测图系统直接展点，再根据现场绘制的地物属性关系草图在显示屏幕上连线成图，经编辑和注记后成图。

b)电子平板法：

在野外用安装了数字化测图软件的笔记本电脑或掌上电脑直接与全站仪相连，现场测点，电脑实时展绘所测点位，作业员根据实地情况，现场直接连线、编辑和加注成图。具体测绘时应根据已展绘在电子平板的控制点或中桩记录（可利用中线上的百米桩、公里桩等作为控制桩再进行公路带状地形图的测绘），测绘导线两侧带状地形图，比例尺 1:2000。

3.应交资料同“方案一”

五、仪器操作考核及成绩评定办法

仪器操作考核及成绩评定办法可参照“方案一”执行，但仪器考核可重点考核全站仪的坐标测量和坐标放样的实际操作，各校可根据自己的实际情况制定考核标准。

附录一　国家职业技能鉴定规范

（工程测量工考核大纲）

中级工程测量工鉴定要求

1.适用对象

从事工程测量的技术工人。

2.申报条件

取得初级职业资格证书后，并连续从事本工种工作五年以上。

3.考生与考评人员比例

（1）理论知识考试原则上按每20名考生配备1名考评人员（20:1）。
（2）技能操作考核原则上按每5名考生配备1名考评人员（5:1）

4.鉴定方式和时间

本工种采用理论知识考试和技能操作考核两种形式进行鉴定。技能操作考核由3～5名考评人员组成

考评小组进行考核，考该分数取其平均分。

（1）理论知识考试时间为120分钟，满分100分，60分及格。
（2）技能操作考核时间为120分钟～240分钟，满分100分，60分及格。
（3）理论知识考试和技能操作考核均及格者为合格。

5.鉴定场所和设备

（1）理论知识考试在不小于标准教室面积的室内。
（2）技能操作考核在室外。
（3）DS_1型或$DS_{0.5}$型精密水准仪和DJ_2型经纬仪及电磁波测距仪等。

中级工程测量工

项　　目	鉴定范围	鉴定内容	鉴定比重
基本知识	1.测量误差一般理论知识	（1）测量误差的概念及基本知识。 （2）水准测量的主要误差来源及其减弱措施，如仪器误差、观测误差、水准尺倾斜误差及外界因素影响。 （3）水平角观测及电磁波测距仪的误差来源及其减弱措施，如仪器误差、仪器对中误差、目标偏心误差、观测误差及外界条件误差	100 15

续上表

项　目	鉴定范围	鉴定内容	鉴定比重
基本知识	2.控制测量知识	(1)平面控制测量的布网原则及测量方法,如三角测量、三边测量、导线测量 (2)高程控制测量的布网原则及测量方法 (3)电磁波测距仪测距的基本原理、结构和使用方法 (4)城市坐标与厂区坐标换算的基本原理和计算方法 (5)施工控制网的基本概念	15
专业知识	1.地形测量知识	(1)地形测量原理及工作流程 (2)图根控制测量的主要技术要求 (3)大比例尺地形图知识 (4)地形图图式符号的使用	10
	2.建筑工程测量知识	(1)工业与民用建筑工程施工测量的方法及主要技术要求 (2)建筑方格网、建筑轴线的测设方法 (3)拨地测量的施测方法	15
	3.水利工程测量知识	(1)水下地形测量的施测方法 (2)桥梁、水利枢纽工程的施测方法	5
	4.线路工程测量知识	(1)铁路、公路、架空送电线路工程中线的测设方法 (2)圆曲线、缓和曲线的测设原理及测设方法 (3)地下管线测量的施测方法及主要作业流程	15
	5.建筑物沉降、变形观测知识	(1)各类建筑物、桥梁、烟囱、水利工程沉降、变形观测的基本知识和施测方法 (2)建筑物沉降观测的精度要求和观测频率	15
相关知识	计算机知识	(1)微机基本组成部分及应用知识 (2)可编程袖珍计算机的使用及其简单编程方法	10
技能要求 操作技能	中级操作技能	(1)一、二、三级导线测量的选点、埋石、观测、记录方法及内业成果整理 (2)二、三、四等精密水准测量的选点、埋石、观测、记录方法及内业成果整理、高差表的编制 (3)对 DJ_2 型光学经纬仪、DS_1 型水准仪进行常规项目的检验与校正 (4)能够组织完成定线、拨地测量工作 (5)组织实施一般建筑物、桥梁、水利工程的沉降变形观测工作 (6)道路圆曲线和一般缓和曲线及各类工程放样元素的计算及实地测设工作 (7)使用袖珍电子计算机或电子手簿进行野外测量记录 (8)二、三、四等水准仪测量和一、二、三级导线测量的单结点平差计算及一般工程测量的计算工作	100 80

续上表

项目	鉴定范围	鉴定内容	鉴定比重
工具设备的使用与维护	1. 工具的使用与维护	(1)温度计、气压计的正确读数方法及维护常识袖珍计算机的安全操作和保养方法	5
	2. 设备的使用与维护	(1)DJ_2、DJ_6 经纬仪、精密水准仪、精密水准尺、各类全站仪的正确使用方法及保养常识 (2)光电测距仪电池正确充电方法及线路连接	5
安全及其他	安全作业	(1)熟悉各种测绘仪器、设备的安全操作规程,并严格执 (2)掌握野外测量安全知识,严格执行安全生产条例	10

高级工程测量工鉴定要求

1. 适用对象

从事工程测量的技术工人。

2. 申报条件

取得中级职业资格证书后,并连续从事本种工作五年以上。

3. 考生与考评人员比例

(1)理论知识考试原则上按每 20 名考生配备 1 名考评人员(20:1)

(2)技能操作考核原则上按每 5 名考生配备 1 名考评人员(5:1)。

4. 鉴定方式和时间

本工种采用理论知识考试和技能操作考核两种形式进行鉴定。技能操作考核 3 ~ 5 名考评人员组成考核小组进行考核,考核分数取其平均分。

(1)理论知识考试时间为 120 分钟,满分 100 分,60 分及格。

(2)技能操作考核时间为 120 分钟 ~ 240 分钟,满分 100 分,60 及格。

(3)理论知识考试和技能操作考核均及格者为合格。

5. 鉴定场所和设备

(1)理论知识考试在小于标准教室面积的室内。

(2)技能操作考核在室外。

(3)DJ_2型经纬仪。

项　　目	鉴定范围	鉴定内容	鉴定比重
知识要求	1. 测量误差的一般理论知识	(1)测量误差产生的原因及其分类 (2)衡量测量成果精度的指标，如中误差、平均误差、相对误差 (3)水准观测、水平角观测、光电测距仪观测的误差来源及其减弱措施	100 15
基本知识	2. 控制测量的知识	(1)高斯正形投影中的投影带和投影面的基本概念及平面直角坐标系的概念 (2)各种工程测量控制网的布网方案、施测方法和主要技术要求 (3)工程测量细部放样控制网的布设原则、施测方法及主要技术要求 (4)高程控制测量的布设方案及测量方法 (5)工程测量控制网、细部放样网的平差计算方法	15
专业知识	1. 建筑测量知识	(1)建筑工程放样的一般方法 (2)高层建筑轴线的投测与标高的传递 (3)拨地放样数据的计算与施测方法 (4) 全站仪的性能及操作方法	15
	2. 线路工程测量知识	(1)线路中线的定线及里程桩的测设 (2)线路纵横断面测量的方法与施测 (3)地下管线测量的作业方法 (4)圆曲线、缓和曲线放样数据的计算与放样	15
	3. 地下坑道测量知识	(1)地下坑道工程贯通误差的概念 (2)地下坑道工程贯通测量方法	10
	4. 水利工程测量知识	(1)水利枢纽工程的控制测量与施工放样方法 (2)大、中型桥梁的控制测量及施工	5
	5. 变形测量知识	(1)变形观测的基本内容 (2)变形观测的施测方法如沉降观测、水平位移观测等	10
	6. 高精度工程测量知识	高精度工程测量的基本内容及技术要求	5
相关知识	1. 计算机知识	(1)袖珍计算机的使用方法及简单编程 (2)微机基本结构及 DOS 操作系统	5
	2. 测绘高新技术在工程测量中的应用知识	测绘高新技术在工程测量领域的应用情况及发展趋势	5

续上表

项目	鉴定范围	鉴定内容	鉴定比重
技能要求 技能操作	高技能操作	(1)熟练掌握精密经纬仪、精密水准仪、电磁波测距仪、全站仪的操作技术 (2)能对工程测量中级工进行一般技术指导 (3)全站仪的常规操作及数据传输方法 (4)按规范和设计要求制定工程控制网的施测步骤并组织实施 (5)掌握大、中型工程的施工测量、竣工测量方法并编写施测报告或技术总结 (6)在规范指导下进行地下贯通测量的施测工作 (7)能组织完成一般工程测量工作,如地形图测绘、建筑工程测量、地下管线测量、工程测量、定线、拨地测量的施测工作及记录、计算工作 (8)能组织完成导线测量包括一、二、三级导线及图根导线)和水准测量的平差计算工作(包括单结点) (9)了解工程测量常用专业仪器的操作方法,如激光经纬仪、激光铅垂仪	100 80
工具设备的使用与维护	1.工具的使用与维护	(1)温度计、气压计的读数方法及保护措施 (2)袖珍计算机、微机的操作规程	5
	2.设备的使用与维护	(1)精密经纬仪、精密水准仪、光电测距仪、全站型电子经纬仪的正确使用方法及保养知识 (2)仪器电池充电放电方法 (3) 熟悉其它测绘仪器的保养常识	5
安全及其它	安全作业	(1)严格执行各种测绘仪器安全操作规程 (2)掌握野外测量安全知识,严格执行安全生产条例。	10

附录二　国家工人技术等级标准

（工程测量工）

工种定义

使用测量仪器，按工程设计和技术规范要求，为各类工程包括地形图测量、工程控制网的布设及施工放样、建筑施工、铁路、公路、航道、水利、桥梁、地下施工、矿山建设和生产、建筑物的变形观测等提供测量数据和测量图件。

适用范围

施工测量、市政工程测量、铁路测量、公路测量、航道测量、矿山测量、水工测量、水利测量。

学徒期

二年。

初级工程测量工

了解普通工程测量作业内容和作业规程，掌握地形测量、图根控制测量的基本技能，了解电子计算器的使用方法，在指导下从事工程测量作业，完成指定的单项任务。

知识要求：

1. 了解地形图的内容与用途，具有地形图比例尺概念。
2. 掌握常用的测绘仪器、工具的名称、用途及保养常识。
3. 掌握测量中常用的度量单位及换算。
4. 了解图根导线、图根水准的测量原理及计算方法。
5. 了解平板测图的原理及施测方法。
6. 了解地下管线的测量原理及施测方法。
7. 了解定线、拨地测量和建（构）筑物放样的基本方法。
8. 懂得野外测量的安全知识。

技能要求：

1. 能使用标杆、垂球架、光学对中器进行对中。
2. 能勾绘交线草图和断面图，绘制点之记。
3. 在指导下能进行图根水准、图根导线的观测、记录。
4. 掌握道路纵横断面测量，定线拨地放样的辅助工作。
5. 在指导下能进行普通经纬仪、水准仪、平板仪常规项目的检校。
6. 正确使用各类常用图式符号。
7. 能正确使用皮尺和钢卷尺进行量距。
8. 能应用电子计算器进行一般的计算工作。
9. 掌握地下管线测量的辅助工作。

工作实例：

初级工应掌握以下工作实例一至二项。

1. 绘制点之记或断面施测草图一例。

2. 图根水准观测、记录或图根导线水平角观测、记录一例。

3. 坐标放样数据计算一例。

4. 纵、横断面测量及绘制断面图一例。

5. 使用图解法测量管线工程一例。

6. 图根导线近似平差计算一例。

中级工程测量工

具有工程测量的一般理论知识及有关工程建设的一般专业知识，懂得地形测量、三角测量、水准测量、导线测量、定线放样、变形观测的一般理论知识，掌握各类工程测量的一般方法，包括工程建设施工放样、工业与民用建筑施工测量、线型测量、桥梁工程测量、地下工程施工测量、水利工程测量及建筑物变形观测的施测方法，了解袖珍计算机的应用技术，了解全面质量管理的基础知识，独立完成一般工程测量项目。

知识要求：

1.二、三等水准测量及测量误差的基本知识。

2.了解城市坐标与厂区坐标换算的基本原理及计算方法。

3.懂得建筑方格网、道路曲线测设原理及测设方法。

4.掌握各类建筑物、桥梁、烟囱、水利工程沉降、变形观测的基本知识和施测方法。

5.懂得精密光学经纬仪、水准仪、精密水准尺的检校知识和检校方法。

6.掌握归心改正、坐标传递、交会定点的原理和计算方法。

7.掌握袖珍电子计算机的应用知识。

8.了解水准观测、水平角观测、光电测距仪测距的误差来源及减弱的措施。

技能要求：

1.一、二、三级导线测量，二、三等精密水准测量。跨河水准测量的选点、埋石、记录、观测工作，内业成果整理、概算、高程表的编制。

2.能进行道路圆曲线和一般的缓和曲线及各类工程放样元素的计算及测设工作。

3.能进行 DJ_2 光学经纬仪、DS_1 型水准仪和精密水准尺常规项目的检验。

4.组织实施一般建筑物和完成定线、拨地测量工作。

5.组织实施一般建筑物、桥梁、烟囱、水利工程的沉降、变形观测工作。

6.能进行水准网、导线网的单结点、双结点平差计算及交会定点和典型图型平差计算工作。

7.能利用袖珍计算机进行平差计算，利用电子手簿进行外业记簿。

工作实例

中级工应掌握以下工作实例一至二项。

1.一、二、三级导线和二等水准观测，记簿各一例。

2.导线网、水准网的单结点、双结点平差，三角测量概算，交会定点平差计算或典型平差计算一例。

3.沉降、变形观测的计算和成果资料整理一例。

4.道路工程圆曲线、缓和曲线、曲线元素计算和放样工作一例。

5.组织实施工程控制网设计方案一例。

高级工程测量工

具有工程测量一般原理知识，了解高精度工程测量控制网、细部放样网、轴线及工艺设备的放样安装，竣工测量、变形观测的一般理论知识，具有电子计算机的一般应用知识，了解国内工程测量发展动态和新技术应用知识，熟练地掌握精密经纬仪、精密水准仪、光电测距仪的操作技术，掌握工程控制网、细部放样、竣工测量、变形观测的施测技术，能分析处理施测中出现的一般技术问题。

知识要求：

1.了解高斯正形投影平面直角坐标系的基本概念。

2.懂得地下贯通工程施工测量的原理和施测方法。

3.掌握各种工程控制网的布网方案和施测方法。

4.了解一般工程测量的基本原理和施测方法。

技能要求：

1.掌握大、中型工程的施工测量、竣工测量技术，并编写工程技术总结报告。

2.掌握测设大、中型桥梁的控制测量及施工、变形测量。

3.在指导下能进行地下工程的贯通测量。

4.能解决工程测量中的一般技术问题和质量问题。

5.能对工程测量进行一般技术指导。

工作实例：

1.实施中、大型工程测量、竣工测量和编写技术工作报告书一例。

2.桥梁变形观测或地下工程贯通测量一例。

附录三 工程测量工技能知识要求试题

初级工程测量工知识要求试题

（略）

中级工程测量工知识要求试题

一、判断题(共 30 分，每题 1.5 分，对的打√，错的打×)

1.施工控制网是作为工程施工和运行管理阶段中进行各种测量的依据。(　　)

2.水下地形点的高程由水面高程减去相应点水深而得出。(　　)

3.建筑工程测量中，经常采用极坐标方法来放样点位的平面位置(　　)

4.地下管线测量中，用平面解析坐标来表示地下管线的竣工位置，称为解析法管线测量。(　　)

5.沉降观测中，为避免拟测建筑物对水准基点的影响，水准基点应距拟测建筑物 100m 以外。(　　)

6.铁路工程测量中，横断面的方向在曲线部分应在法线上。(　　)

7.大平板仪由平板部分、光学照准仪和若干附件组成。(　　)

8.地形图测绘中，基本等高距为 0.5m 时，高程注记点应注记至 cm。(　　)

9.市政工程测量中，缓和曲线曲率半径等于常数。(　　)

10.线路工程中线测量中，中线里程不连续即称为中线断链。(　　)

11.光电测距仪工作时，严禁测线上有其它反光物体或反光镜存在。(　　)

12.光电测距仪测距误差中，存在反光棱镜的对中误差。(　　)

13.一、二、三等水准测量由往测转为返测时，两根标尺可不互换位置。(　　)

14.三等水准测量中，视线高度要求三丝能读数。(　　)

15.水平角观测中，测回法可只考虑 2c 互差。(　　)

16.水平角观测时，风力大小影响水平角的观测精度。(　　)

17.导线测量中，无论采用钢尺量距或电磁波测距，其测角精度一致。(　　)

18.定线测量中，可以用支导线作为定线的控制导线。(　　)

19.水准面的特性是曲面处处与铅垂线相垂直。(　　)

20.地形图有地物、地貌、比例尺三大要素。(　　)

二、选择题(共 20 分，每题 2 分，将正确答案的序号填入空格内)

1.测设建筑方格网方法中，轴线法适用于＿＿＿＿＿＿。

A.独立测区　　B.已有建筑线的地区　　C.精度要求较高的工业建筑方格网

2.大型水利工程变形观测中，对所布设基准点的精度要求应按＿＿＿＿＿＿。

A.一等水准测量　　B.二等水准测量　　C.三等水准测量

3.一般地区道路工程横断面比例尺为＿＿＿＿＿＿。

A.1:50　1:100　　B.1:100　1:200　　C.1:1000

4.定线拨地测量中，导线应布设成＿＿＿＿＿＿。

A.闭合导线　　B.符合导线　　C.支导线

5.经纬仪的管水准器和圆水准器整平仪器的精确度关系为:__________

A.管水准精度高　　B.圆水准精度高　　C.精度相同

6.四等水准测量中,基辅分划(黑、红面)所测高差之差应小于(或等于)__________。

A.2.0mm　　B.3.0mm　　C.5.0mm

7.光电测距仪检验中,利用六段基线比较法,__________。

A.只能测定测距仪加常数

B.只能测定测距仪的乘常数

C.同时测定测距仪的加常数和乘常数

8.被称为大地水准面的是这样一种水准面,它通过__________。

A.平均海水面　　B.海水面　　C.椭球面

9.与铅垂线成正交的平面叫__________。

A.平面　　B.水平面　　C.铅垂面

10.水平角观测中,用方向观测法进行观测。

A.当方向数不多于3个时,不归零

B.当方向数为四个时,不归零

C.无论方向数为多少,必须归零

三、问答题(共26分,每题得分在题后)

1.水准仪的主要轴线有几条?它们之间应满足什么条件?(7分)

2.用测回法观测水平角都有哪几项限差?(设方向数不超过三个)(5分)

3.线路工程测量中,什么是圆曲线元素?圆曲线主点用什么符号表示?代表什么意义?(7分)

4.简述用 DJ_6 级经纬仪进行测回法水平角观测的步骤。(7分)

四、计算题(共24分,每题8分)

1.用经纬仪进行三角高程测量,于 A 点设站,观测 B 点,量得仪器高为1.550m,观测 B 点棱镜中心的垂直角为23°16′30″(仰角)。A、B 两点间斜距 S 为168.732m,量得 B 点的棱镜中心至 B 的比高为2.090m,已知 A 点高程为86.093m,求 B 高程(不计球气差改正)。

2.使用一台无水平度盘偏心误差的经纬仪进行水平角观测,照准目标 A 盘左读数 $\alpha_{左}=94°16'26''$,盘右读数 $\alpha_{右}=274°16'54''$,试计算这台经纬仪的 $2C$ 值。

3.计算下表所列支导线各点(P_1、P_2)坐标

点号	角度观测值			方位角 (° ′ ″)	距离 (m)	Y (m)	X (m)
	右旋 (° ′ ″)	左旋 (° ′ ″)	中数 (′ ″)				
M				271 05 57			
A	205 47 12	25 47 54				5012.490	2913.098
					198.096		
P_1							
P_2	36 51 06	216 51 18					
					56.123		
P_2							

高级工程测量工知识要求试题

一、判断题(共30分,每题1.5分,对的打√,错的打×)

1.《城市测量规范》中规定,中误差的两倍为最大误差。(　　)

2.联系三角形法多用于对定向精度要求较高的地下通道的定向测量。(　　)

3.地形测量中,大平板仪的安置包括对中、整平。(　　)

4.地下管线竣工测量可不测变径点。(　　)

5.贯通测量中,利用联系三角形法建立联系测量,可通过重复观测来提高定向精度。(　　)

6.我国城市坐标系采用高斯正形投影平面直角坐标系。(　　)

7.水准仪管水准器圆弧半径越大,分划值越小,整平精度越高。(　　)

8.水下地形点的高程是用水准仪直接测出的。(　　)

9.市政工程测量中,有横断面图的地方,纵断面图可没有相应的里程桩号。(　　)

10.分别平差法导线网单结点平差计算中,坐标增量是用经过平差后的方位角计算的。(　　)

11.光电测距仪测距时,步话机应暂时停止通话。(　　)

12.水平角观测中,测回法比方向法观测精度高。(　　)

13.光电测距仪中的仪器加常数是偶然误差。(　　)

14.同精度水准测量观测,各路线观测高差的权与测站数成反比。(　　)

15.水平角观测一测回间,可对仪器进行精确整平。(　　)

16.微机DOS操作系统基本命令中,DEL为删除文件命令。(　　)

17.建筑物放线测量中,延长轴线的标志有龙门桩和轴线控制桩两种做法。(　　)

18.沉降观测中,建筑物四周角点可不设沉降观测点。(　　)

19.建筑物变形观测不仅包括沉降观测、倾斜观测,也包括水平位移的观测。(　　)

20.铁路、公路施测的纵断面图,反映了线路中线上自然地面的变化状况。(　　)

二、选择题(共20分,每题2分,将正确答案的序号填入空格内)

1.地下贯通测量导线为__________。

A.闭合导线　　B.附合导线　　C.支导线

2.地下贯通测量用几何方法定向时,串线法比联系三角形法测量精度__________。

A.高　　B.低　　C.一样

3.用分别平差法进行导线网单结点平差计算时,应先计算__________。

A.结边坐标方位角最或然值

B.结点纵坐标最或然值

C.结点横坐标最或然值

4.偶然误差具有的特性是__________。

A.按一定规律变化　　B.保持常数

C.绝对值相等的正误差与负误差出现的可能性相等

5.高层建筑传递轴线最合适的方法是__________。

A.经纬仪投测　　B.吊垂球线　　C.目估

6.二等水准测量观测时，应选用的仪器型号为__________。

A.DS0.5 型　　B.DS1 型　　C.DS3 型

7.光电测距仪的视线应避免__________。

A.横穿马路　　B.受电磁场干扰　　C.穿越草坪上

8.可同时测出光电测距仪加常数和乘常数的方法是__________。

A.基线比较法　　B.六段解析法　　C.六段基线比较法

9.高斯正形投影中，离中央子午线愈远，子午线长度变__________。

A.愈大　　B.愈小　　C.不变

10.水准测量中，水准标尺不垂直时，读数__________。

A.变大　　B.变小　　C.不影响

三、问答题(共 26 分，每题得分在题后)

1.平面控制测量的方法有几种？三角网的必要起算数据是什么？(6 分)

2.建筑物变形观测的主要项目有哪些(6 分)

3.当地下通道是通过两个竖井对向掘进时，影响横向贯通误差的主要因素有哪些？(7 分)

4.城市高程控制网的布网要求是什么？(7 分)

四、计算题(共 24 分，每题 8 分)

1.如附图 1：已知 B、D、F 三点坐标及 AB、CD、EF 之方位角，并已实测∠ABG、∠CDG、∠EFG

即$\alpha_{AB}=90°00'00''$　　∠ABG = 50°33′00″

B 点坐标 $Y_B=5147.309m$　　$X_B=3000.000m$

$\alpha_{CD}=272°04'22''$　　∠CDG = 242°30′30″

D 点坐标 $Y_D=5119.934m$　　$X_D=3000.992m$

$\alpha_{EF}=268°46'35''$　　∠EFG = 306°52′51″

F 点坐标 $Y_F=5027.382m$　　$X_F=2999.015m$

试计算两组 G 点交会坐标，并问在拨地测量中，两组 G 点交会坐标是否超限，若不超限则求其平均值。

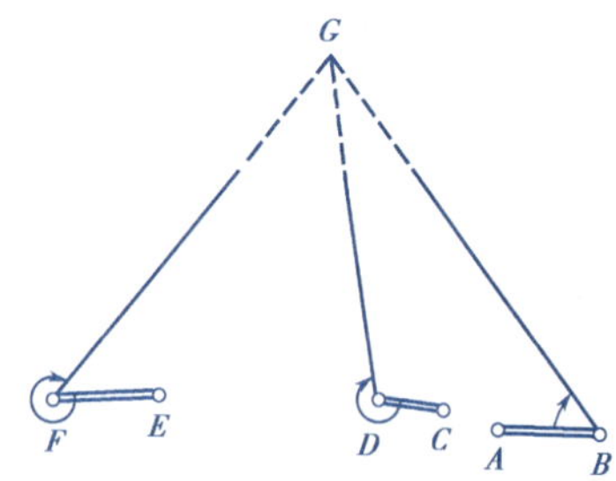

附图 1

2.如附图 2 已知：

(1)AB 直线方位角 $\alpha_{AB}=179°49'03''$

(2)直线上 A 点的坐标为 $Y_A=5025.049m$　　$X_A=2988.793m$

(3)曲线圆心坐标 $Y_O=4810.111m$　　$X_o=3253.093m$

(4)曲线半径 $R = 350.000\text{m}$

求直线 AB 与曲线交点 B 之坐标 Y_B、X_B。

3.如附图 3 所示,在公路工程测量中,已知 AB 方位角 $\alpha_{AB} = 289°42'28''$,$BC$ 方位角 $\alpha_{BC} = 293°49'34''$,$B$ 点的坐标 $Y_B = 5557.329\text{m}$,$X_B = 3001.035\text{m}$,桩号为 K2 + 419.57,曲线半径 $R = 1500.000\text{m}$,求算曲线元素:曲线长 L,切线长 T,外距 E,转角 α,圆心坐标及曲线主点 BC(ZY)、MC(QZ)、EC(YZ)的桩号。

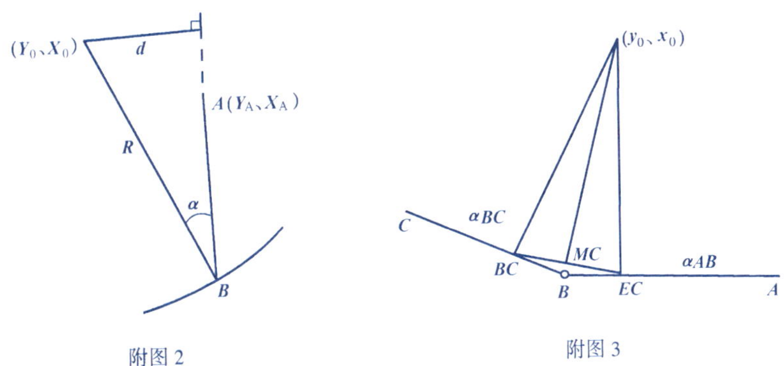

附图 2　　　　附图 3

主要参考文献

1 李仕东.工程测量(第三版).北京:人民交通出版社,2005

2 张保成.测量学实习指导与习题.北京:人民交通出版社,2000

3 中华人民共和国劳动与社会保障部.中华人民共和国职业技能鉴定规范,1999